每日一汤护佑全家

高卉 邢云斐 编著

天津出版传媒集团
天津科学技术出版社

图书在版编目（CIP）数据

每日一汤，护佑全家 / 高卉，邢云斐编著. -- 天津：天津科学技术出版社，2025. 4. -- ISBN 978-7-5742-2784-2

Ⅰ．TS972.122

中国国家版本馆 CIP 数据核字第 2025LR2953 号

每日一汤，护佑全家
MEIRIYITANG HUYOUQUANJIA
责任编辑：梁　旭
责任印制：兰　毅

出　　版：	天津出版传媒集团 天津科学技术出版社
地　　址：	天津市西康路 35 号
邮　　编：	300051
电　　话：	（022）23332377
网　　址：	www.tjkjcbs.com.cn
发　　行：	新华书店经销
印　　刷：	三河市骏杰印刷有限公司

开本 710×1000　1/16　印张 11　字数 140 000
2025 年 4 月第 1 版第 1 次印刷
定价：59.80 元

全家滋养煲汤，给家人的专属呵护

家，是心灵的港湾；家人，是一生的宝藏。一碗温情的养生汤，就是连接家人情感与健康的美味桥梁。

在中国人的饮食文化里，汤，从来都不是一道简单的菜肴，而是一份饱含深情的滋养与关怀。俗话说："药补不如食补，食补最好汤补。"一碗热汤下肚，暖胃又暖心，仿佛能治愈生活中的一切疲惫与烦恼。

在每一个普通又温馨的日子里，我们都渴望为家人送上最贴心的呵护，而一锅精心熬制的滋养煲汤，便是传递这份关爱的绝妙方式。

在这忙碌的现代生活中，家人之间的陪伴与关怀显得尤为珍贵。而一锅精心烹制的滋养煲汤，便是我们在快节奏生活里，为家人传递爱意与温暖的最佳方式。

《朱子家训》中说："一粥一饭，当思来之不易；半丝半缕，恒念物力维艰。"每一份食材，每一滴汤汁，都凝聚着我们对生活的珍惜和对家人的珍爱。

当清晨的第一缕阳光洒进厨房，我们开始为家人准备这碗饱含深情的养生汤。食材在水中翻滚跳跃，仿佛在演奏着一曲美妙的家庭乐章。袅袅升起的热气，带着满满的爱意与温暖，弥漫在整间厨房。

  这碗养生汤里,有春日鲜嫩的春笋,带着大地初醒的生机与活力;有夏日饱满的莲子,蕴含着骄阳下的清甜与滋润;有秋日肥美的菌菇,收纳了山林间的芬芳与滋养;有冬日醇厚的老参,储存了岁月的能量与智慧。

  在寒冷的冬夜,一碗热气腾腾的养生汤摆在家人面前,喝上一口,暖意瞬间传遍全身,仿佛一天的疲惫都融化在这醇厚的汤汁里。孩子喝完,脸颊红扑扑,焕发着健康的光彩;父母喝完,眉眼间的皱纹都舒展开来,仿佛年轻了几岁;爱人喝完,给了我们一个温暖的拥抱,疲惫的身心也变得轻松愉悦。

  一锅好汤,需要时间的沉淀,更需要用心地烹制,就像我们的生活,需要用爱与耐心去经营。当我们用心为家人煲出一锅滋养汤时,所传递的不仅仅是美味与营养,更是对家人深深的爱与关怀。

  一碗汤,一份情,滋养全家的身心。

  快来和我们一起,用美味的滋养汤,为家人创造更多美好的回忆,让家的味道在舌尖上绽放吧!

目录

第一章 / 一天一碗养生汤

煲汤的黄金搭档	2
煲汤的 15 个暖心小窍门	6
好器煲好汤，滋养每一餐	8
九种体质，九种滋养	10
按时节来煲汤，让味蕾有节奏	12
按人群煲汤，滋养每一份独特	14

第二章 / 按体质选对汤和煲好汤

阴虚体质	**18**
雪梨什锦汤	19
香菇瘦肉汤	20
蛤蜊豌豆苗汤	21
湿热体质	**22**
莲藕薏米排骨汤	23
冬瓜薏米瘦肉汤	25
气虚体质	**26**
参鸡补气汤	27
鸽子汤	29
阳虚体质	**30**

山药牛腩汤	31
萝卜羊排骨汤	33
痰湿体质	**34**
南瓜薏米汤	35
豆腐海带汤	36
清炖鸭肉汤	37
血瘀体质	**38**
莴笋海带汤	39
金针菇豆腐汤	40
鳝鱼汤	41
气郁体质	**42**
豆芽汤	43
特禀体质	**44**
鲫鱼豆腐汤	45

第三章／四季养生汤品全集

春之汤韵	**48**
口蘑青菜汤	49
豌豆苗肉丸汤	50
萝卜丝鲫鱼汤	51
夏之调养	**52**
冬瓜丸子汤	53
丝瓜汤	54
玉米排骨汤	55

秋之润泽 56
羊肉萝卜汤 57
排骨山药汤 58
莲藕猪蹄汤 59

冬之补益 60
老母鸡汤 61
鱼头汤 62
胡椒猪肚汤 64
海参汤 67

第四章 / 全家滋养煲汤

儿童：茁壮成长汤羹 70
菠菜肉丸子汤 72
山药羊肉丸子汤 73
菌菇汤 74
虾仁冬瓜汤 75

父母：活力源泉汤煲 76
天麻老鸭汤 78
板栗鸡汤 81
黄芪鸡汤 82
熟地排骨汤 83
灵芝土鸡汤 85

女性：美容养颜汤 86
红枣桂圆银耳汤 87

木瓜牛奶汤	88
乌鸡汤	90
红豆薏仁汤	92
桃胶雪耳汤	94
男性：精神焕发汤	**96**
牛鞭汤	97
泥鳅汤	98
海马鸡汤	99
杜仲猪腰汤	100
鹿茸瘦肉汤	101
孕产妇：滋补汤煲	**102**
莲子猪肚汤	103
山药乌鸡汤	104
香菇鸡汤	105
花生猪蹄汤	106
鲫鱼汤	108
丝瓜蛋花汤	110

第五章 / 调理滋补养生汤

清热解毒	**114**
绿豆薏仁汤	115
绿豆冬瓜海带汤	116
鱼腥草冬瓜瘦肉汤	117

润肺化燥 118
银耳百合汤 119
山楂雪梨百合汤 120
罗汉雪梨汤 121

养肝明目 122
猪肝豆腐汤 123
番茄墨鱼汤 124
双花猪肝汤 125

养血补血 126
红枣桂圆乌鸡汤 127
生姜当归羊肉汤 128
猪血菠菜汤 129

温脾补气 130
山药芡实排骨汤 131
党参鸡汤 132
四君子汤 133

养心安神 134
酸枣仁百合汤 135
莲子猪心汤 136
柏子仁炖猪心 137

健胃消食 138
麦芽山楂瘦肉汤 139
神曲萝卜汤 140

通经活络	141
木瓜猪蹄汤	142
田七乌鸡汤	143

第六章 / 健体祛病养生汤

高血压	146
芹菜香菇汤	147
番茄木耳汤	148
荸荠海带汤	149

高血脂	150
山楂荷叶汤	151
银耳木耳汤	152
黄豆豆腐汤	153

贫血	154
猪肝菠菜汤	155
猪血豆腐汤	156
红参须枸杞鸽子汤	157

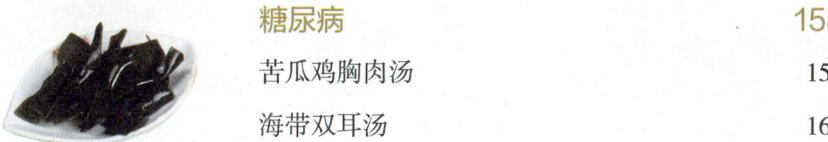

糖尿病	158
苦瓜鸡胸肉汤	159
海带双耳汤	160

第一章
一天一碗养生汤

生活需要温暖的滋养,汤便是那贴心的存在。一天一碗养生汤,是爱的凝聚。

热气腾腾中,食材相互交融。清晨的一碗清汤,开启活力一天;傍晚的浓汤,慰藉疲惫身心;夜晚的安神汤,伴人轻松入眠。一天一碗养生汤,是对自己和家人的爱,让生活更有滋味。

煲汤的黄金搭档

在厨房这方充满烟火气息的小天地里,煲汤宛如一场浪漫的交响乐,而那些绝妙的食材组合,便是这首交响乐中最和谐的音符,奏响了美味与营养的华章。

古人言:"食不厌精,脍不厌细。"煲汤,便是对这一理念的完美诠释,正如土鸡与竹荪的相逢。土鸡,在山林间自由奔走,汲取着自然的灵气,犹如山林的使者;竹荪,洁白无瑕,宛如仙子的裙摆。当土鸡与竹荪在锅中相遇,土鸡的鲜香遇上竹荪的清新,仿佛是伯牙子期相遇,奏响一曲高山流水般的绝美乐章。小火慢炖之下,汤如琼浆,滋养着家人的身心,每一口都是对生活的深情告白。一碗好汤,不仅是舌尖上的享受,更是对身心的滋养与呵护。

还有那羊肉与萝卜,犹如冬日里的暖阳与白雪。羊肉性温热,是滋补的佳品,如壮士的

土鸡

竹荪

豪情；萝卜清脆爽口，带着大地的芬芳，似佳人的温婉。二者相遇，正如"金风玉露一相逢，便胜却人间无数"，在汤锅中演绎着一场美味的传奇。寒夜中，一碗羊肉萝卜汤，暖身暖心，为家人驱散寒冷，带来慰藉。

萝卜

"净洗铛，少著水，柴头罨烟焰不起。待他自熟莫催他，火候足时他自美。"东坡居士自是懂得吃的，他所写的《猪肉颂》同样适合排骨与莲藕的搭配。在锅中，排骨紧实，莲藕清甜，排骨给予了汤醇厚的底蕴，莲藕则赋予了汤清新的气质。它们相互依偎，如同许仙与白娘子在断桥的邂逅，成就了一段美妙的缘分。盛上一碗，热气腾腾中，品尝到的是家的味道，是爱的传递。

羊肉

在生活的舞台上，这些煲汤的黄金搭档，用它们的融合与碰撞，为我们带来一道道充满爱意与温暖的佳肴。它们是味蕾的盛宴，更是心灵的滋养，让我们在这美味中，感受家的温馨，品味生活的美好。

莲藕

因此，一碗好汤，不仅是舌尖上的享受，更是对身心的滋养与呵护。

猪肋排

常见的煲汤的黄金搭档食材组合

肉类与蔬果类

排骨—玉米—胡萝卜

　　排骨富含蛋白质、脂肪、维生素和大量磷酸钙、骨胶原等,玉米富含膳食纤维和维生素,胡萝卜含有丰富的胡萝卜素等营养物质。三者搭配,汤味清甜,营养丰富。

鸡肉—香菇—红枣

　　鸡肉肉质细嫩,滋味鲜美,富含蛋白质和多种营养成分;香菇是高蛋白、低脂肪的营养保健食品;红枣有补中益气、养血安神的功效。三者一起煲汤,香气扑鼻,滋补身体。

猪蹄—黄豆—花生

　　猪蹄含有丰富的胶原蛋白,黄豆富含优质蛋白质和大豆异黄酮,花生则含有丰富的蛋白质、脂肪、维生素等。三者搭配煲汤,口感醇厚,对皮肤和身体都有益处。

肉类与药材类

羊肉—当归—生姜

　　当归性温,有补血活血的功效;生姜可温中散寒;羊肉性热。三者搭配成汤具有温阳散寒、补血养血的作用,是冬季滋补的佳品。

乌鸡—枸杞—黄芪

乌鸡营养丰富,含有多种氨基酸和微量元素;枸杞有滋补肝肾、益精明目的作用;黄芪可补气固表。三者合而为汤,可补气血、滋肝肾。

排骨—熟地—山药

熟地有滋阴补血、益精填髓的功效;山药具有健脾益胃、滋肾益精等作用;排骨增加汤的鲜味和营养。此汤适合身体虚弱、需要调养的人群。

海鲜类与蔬菜类

鲫鱼—豆腐—香菜

鲫鱼肉质细嫩,肉味甜美,营养价值很高;豆腐富含钙质和蛋白质;香菜可提味增香。三者搭配煲汤,味道鲜美,补钙效果佳。

鲜虾—冬瓜—海带

鲜虾富含蛋白质和多种矿物质;冬瓜有利尿消肿、清热解暑的作用;海带含有丰富的碘等矿物质。三者一起煲汤,清爽鲜美,营养均衡。

素菜类组合

莲藕—花生—红枣:莲藕有清热生津、凉血止血、补益脾胃的功效;花生健脾和胃、润肺化痰;红枣补中益气、养血安神。此汤清甜可口,滋养身体。

银耳—雪梨—百合:银耳富有天然植物性胶质,具有滋阴的作用,长期服用可以润肤;雪梨润肺清燥、止咳化痰;百合养心安神、润肺止咳。三者搭配,是一道清甜润肺的汤品。

煲汤的 15 个暖心小窍门

1. 选对食材

每一次煲汤，都是一场食材的聚会。就像老话说的"巧妇难为无米之炊"，好食材是美味汤品的基础。煲汤要选择新鲜、优质的食材，它们是汤的灵魂。清晨的菜市场里，那些水灵灵的蔬菜、活蹦乱跳的鲜鱼、色泽红润的肉类，都是我们的宝藏。

2. 处理食材要精心

把食材带回家，接下来就是温柔地对待它们。蔬菜仔细清洗，去除泥沙和残叶；肉类先用清水浸泡，让血水慢慢渗出，再切成均匀的小块，让它们准备好融入那锅温暖的汤里。我们要像呵护心爱的宝贝一样，用心处理每一份食材。

3. 冷水下锅煮肉类

将肉类食材放入冷水中下锅，随着水温慢慢升高，肉中的血水和杂质会慢慢被逼出。锅里水花翻滚，就像它们在进行一场自我净化的仪式。这样煲出的汤才会清澈鲜美，没有腥味。

4. 搭配好食材

煲汤就像画画，不同的食材搭配出不同的色彩和味道。蔬菜与肉类的组合、菌菇与海鲜的相遇，每一次搭配都是一次奇妙的尝试。食材相互补充、相互成就，就像家人之间相互扶持。

5. 用砂锅煲汤

一口砂锅，是煲汤的好伴侣。它就像一位忠实的朋友，能均匀地传递热量，让食材在锅里慢慢地交融。砂锅里煲出的汤，有着别样的醇厚和温暖，就像妈妈的怀抱，给人满满的安心。

6. 控制好水量

给汤加水，就像对爱人表达心意，要恰到好处。水太多，汤会变得寡淡；水太少，食材又不能充分炖煮。加入的水量一般是食材的 2~3 倍，才能让它们在水中尽情舞蹈，释放出最美的味道。

7. 先大火再小火

刚开始煲汤，大火让汤迅速沸腾，就像点燃了热情的火焰；随后转小火慢慢炖煮，让食材在水的温柔的怀抱中释放精华。这一快一慢，一热一温，就像生活的节奏，张弛有度，才能煲出好汤。

8. 适时搅拌

在煲汤的过程中,适时地轻轻搅拌,让食材们均匀受热,亲密接触。但不要过于频繁,不然食材会被搅碎,就像生活中的关心,适度就好,给彼此空间。

9. 不要过早放盐

盐是最后的调味大师。过早加入盐,会使食材中的水分渗出,导致肉质变柴,汤的鲜味也会大打折扣。在汤即将煲好的时候,让盐轻轻融入,如同给汤画上点睛之笔,才是恰到好处。

10. 撇去浮沫

汤在炖煮的过程中,表面会产生浮沫,那是杂质的集合。及时用勺子将浮沫轻轻撇去,让汤变得清澈纯净,就像我们在生活中,要学会去除烦恼和杂质,留下美好。

11. 放入葱姜去腥

葱姜就像汤的守护使者,在煲汤时加入它们,可以去除腥味,增添香气。它们的存在,让汤变得更加温暖,就像家人的陪伴,默默守护着我们。

12. 加入料酒提鲜

少许料酒的加入,能够提升汤的鲜味,让汤的味道更加丰富和醇厚,就像快乐的小事给生活增添了一抹亮色,让它变得更加精彩。

13. 搭配药材滋补

根据家人的身体状况和季节变化,可以适当在汤中加入一些药材,如枸杞、红枣、黄芪等,让汤不仅美味,还具有滋补养生的功效,为家人的健康加分。

14. 汤品晾凉再冷藏

如果汤一次喝不完,要放入冰箱冷藏。

15. 加热剩汤要彻底

从冰箱取出的剩汤,再喝时一定要彻底煮沸,杀灭可能滋生的细菌,让我们喝到的每一口汤,都是安全又健康的温暖。

好器煲好汤，滋养每一餐

在生活的舞台上，美食是那醒目的主角，而一碗靓汤，则是温暖的旋律。俗话说"好器煲好汤"，这是对美食真谛的深刻诠释。

煲汤是一种传统的烹饪方法，通常要使用适合长时间慢炖的锅具。以下是几种常见的、适合煲汤的锅具。

高压锅

砂锅

砂锅具有良好的保温性能和热传导性，能够均匀地加热食材，适合用来慢炖汤品，能够保持汤的营养和鲜美。

不锈钢锅

不锈钢锅具有耐高温、耐腐蚀和易清洁的特点，适合长时间加热，不会影响食材的味道。

砂锅

铸铁锅

铸铁锅的热传导性能极佳，能够均匀加热食材，适合用来煲汤或者慢炖菜肴，可以保持食材的水分和营养。

不锈钢锅

陶瓷锅

陶瓷锅不仅美观,而且有良好的保温性能,适合用来慢慢煲煮汤品,有助于保持食材的鲜美味道和营养。

选择适合的煲汤锅具时,要考虑锅具的保温性能、加热均匀性及对食材味道的影响。

让我们用"好器",为生活煲出一碗又一碗的好汤,让这份温暖与美味,常伴家人的左右。

陶瓷锅

九种体质，九种滋养

在岁月的长河中，汤，一直是温暖与滋养的代名词。正如《黄帝内经》所言："五谷为养，五果为助，五畜为益，五菜为充，气味合而服之，以补精益气。"而煲汤，更是这滋养之道中的集大成者。一碗好汤，不仅能慰藉辘辘饥肠，更是滋养身心的良方。

而如今，我们深知，每个人的体质都如一本独特的书籍，需要用心解读，方能给予最贴心的呵护。正如中医所言："察其阴阳，以别柔刚。"按体质来煲汤，便是我们对身体的精准呵护。

平和体质的人，生活安稳，身体康健。为保持这份健康，"山药枸杞排骨汤"是理想之选。山药健脾益胃，枸杞滋补肝肾，排骨补充元气，有助于巩固健康，延续平和。

阳虚体质之人，常感寒从内生。"生姜羊肉汤"便是驱散寒邪的温暖伴侣。"当归生姜羊肉汤，产后腹中疼痛，当归生姜羊肉汤主之"，羊肉温阳，生姜散寒，当归养血，让身体如沐暖阳，元气渐复。

阴虚体质者，体内阴津不足。"沙参玉竹老鸭汤"恰似甘霖滋养身体。沙参、玉竹滋阴润燥，老鸭性凉滋补，为您"添水补液"，恰如古语"阴平阳秘，精神乃治"，让身体恢复平衡。

气虚体质者，元气不足，"黄芪党参乌鸡汤"可以补气养元。黄芪、党参补中益气，

黄芪

枸杞

百合

红枣

乌鸡滋养气血，可以"培补元气，扶正祛邪"，如古诗所云"正气存内，邪不可干"，常饮此汤可以提升身体活力。

痰湿体质者，体内痰湿凝滞。"冬瓜薏米排骨汤"可以化痰祛湿。冬瓜清热利水，薏米健脾祛湿，排骨补充营养，"祛痰化湿，通利三焦"，可以让身体恢复清爽。

党参

湿热体质者，湿与热交织。"赤小豆薏仁汤"可以清热利湿。赤小豆、薏仁利水渗湿，清热排毒，如"清湿除热，调和阴阳"，常饮可以告别湿热困扰。

血瘀体质者，气血运行不畅。"桃仁红花乌鸡汤"可以活血化瘀。桃仁、红花活血化瘀，乌鸡滋养气血，可使气血通畅，"气血调和，百病不生"。

莲子

气郁体质者，心情郁闷不畅。"佛手玫瑰瘦肉汤"可疏肝解郁。佛手、玫瑰疏肝理气，瘦肉滋养身体，"调畅气机，愉悦身心"，使人"心平气和，百脉调匀"。

特禀体质者，体质敏感特殊。"灵芝红枣鸽子汤"可调节免疫，增强体质。灵芝扶正固本，红枣补中益气，鸽子滋养身体，"固护正气，抵御外邪"，守护身体的健康防线。

黑木耳

以汤为媒，滋养身心。按体质来煲汤，是对自己身体的深情关爱，是在繁忙生活中为健康奏响的温馨乐章。让我们以汤为媒，开启滋养之旅，拥抱健康与幸福。

绿豆

按时节来煲汤，让味蕾有节奏

春有百花秋有月，夏有凉风冬有雪。在时光的轮回里，每个时节都有它独特的韵味，而汤，便是连接我们与自然的桥梁。

正如《饮膳正要》所云："春气温，宜食麦以凉之；夏气热，宜食菽以寒之；秋气燥，宜食麻以润之；冬气寒，宜食黍以热性治其寒。"时节的变化，影响着我们的身体与味蕾，按时节来煲汤，便是对生活最贴心的呵护。

春回大地之时，阳气升发，万物复苏。此时，一碗鲜嫩的春笋香菇汤是迎接春天的最佳方式。春笋破土而出，带着大地的生机与活力，香菇香气馥郁，两者相互交融。喝上一口，仿佛能感受到"竹外桃花三两枝，春江水暖鸭先知"的春意盎然，为身体注入春天的清新与活力。

炎炎夏日，骄阳似火，暑气逼人。来一碗冬瓜荷叶老鸭汤，清热解暑，滋阴润燥。冬瓜清凉多汁，荷叶清香宜人，老鸭性凉滋补。这三者在锅中相遇，便如古诗所写——"接天莲叶无穷碧，映日荷花别样红"，驱散夏日的燥热，带来一丝清凉与宁静。

秋高气爽的季节,气候干燥,易伤肺津。雪梨百合银耳汤是这个时节的恩物。雪梨润肺止咳,百合养心安神,银耳滋阴润燥。品尝这碗汤,恰似体会"停车坐爱枫林晚,霜叶红于二月花"的诗意,让我们在干燥的秋日里,保持身心的水润与平和。

寒冬腊月,天寒地冻,此时最需要一碗热气腾腾的羊肉萝卜汤来温暖身心。羊肉温补阳气,萝卜顺气消食。在寒冷的冬日里,捧起这碗汤,就如同感受"晚来天欲雪,能饮一杯无"的温暖,让身体充满能量,抵御寒冷的侵袭。

按时节来煲汤,用一碗碗饱含深情的汤品,感受四季的更迭,滋养身心,让生活在这温暖的汤香中,变得更加美好而有滋味。

按人群煲汤，滋养每一份独特

汤，是生活中的温暖慰藉，是滋养身心的玉液琼浆。

对于天真烂漫的孩子们，成长是他们的主旋律。一碗核桃红枣猪骨汤，犹如滋养孩子身心的甘霖。核桃益智健脑，红枣补中益气，猪骨提供丰富钙质，在成长的初始阶段给予最贴心的呵护，助力孩子们茁壮成长，让孩子如春日之苗，蓬勃向上。

职场上奋斗的青年们，压力如影随形。来一碗百合莲子瘦肉汤，百合清心安神，莲子养心补脾，瘦肉补充能量，为拼搏的青年们舒缓压力，滋养身心，让他们在奋斗的道路上充满力量，砥砺前行。

步入中年的人们，身体开始需要调养。为他们准备的是山药枸杞乌鸡汤，山药健脾益胃，枸杞滋补肝肾，乌鸡益气养血。帮助中年人调养身体，保持健康与活力，以饱满的精神迎接生活的挑战。

银发苍苍的老人们，岁月在他们身上留下了痕迹。一款参芪当归羊肉汤再合适不过，人参大补元气，黄芪补中益气，当归补血活血，羊肉温阳补虚。为老人们送上温暖与滋养，让他们的晚年生活更加舒适、安康。

按人群煲汤，用爱与关怀熬制每一锅汤，传递出对每一个人的深情厚意，滋养着生活中的每一份独特。

第二章
按体质选对汤和煲好汤

生活中,体质各有不同。按体质选对汤,是对自己的贴心关怀。阳虚喝暖身的汤,阴虚饮滋阴的汤。用心煲好汤,让食材在锅中交融。在袅袅浓郁汤香里,收获健康与温暖,让每一口汤都成为爱的滋养。

阴虚体质

羊肉枸杞汤

体质特征

　　阴虚体质的人，身体就像一个缺水的小世界，常常会感到手脚心发烫，仿佛有小小的暖炉藏在身体中，即使在凉爽的天气里，这种热感也挥之不去；夜晚难以入眠，还可能伴随盗汗。

　　阴虚体质的人脸颊容易在不经意间泛起红晕，嘴巴和喉咙总是干干的，不停地喝水似乎也不能完全缓解；眼睛也容易疲劳干涩，看一会儿书或者手机，就会感觉酸胀不适。

营养需求

　　阴虚体质的人主要是需要补充那些能滋养阴液、润燥生津的营养成分。那些能够滋阴清热的食材，就是他们的身体的好朋友。

雪梨什锦汤

在湿热的日子里，来一碗清甜的雪梨什锦汤。它就像一股清泉，滋润我们的身体，为我们化解湿热的困扰，带来身心的慰藉。让每一口汤都成为走向健康的助力，陪伴我们度过美好的时光，拥抱清爽与活力。

适合人群（雪梨）

雪梨具有润肺止咳、清热化痰的功效，能缓解因肺热引起的咳嗽、咳痰等症状。雪梨性凉，可帮助清除体内的燥热，减轻上火带来的口干舌燥、咽喉肿痛等问题。

其富含水分和维生素，能补充肌肤所需的营养和水分，改善皮肤干燥问题。

雪梨可以滋润咽喉，减轻嗓子的疲劳和损伤，因此特别适合歌手、教师等过度用嗓的人群。

饮食禁忌

梨性偏寒助湿，多吃会伤脾胃，故脾胃虚寒、畏冷食者应少吃。

梨含果酸较多，胃酸多者，不可多食。

梨有利尿作用，夜尿频者，睡前少吃。

血虚、畏寒、腹泻、手脚发凉的患者不可多吃梨，并且最好煮熟再吃，以防湿寒症状加重。

梨含糖量高，糖尿病者当慎食。

动手煮汤

/ 材料 /

雪梨1~2个，银耳半朵，百合20克，枸杞10克，红枣5~6颗。

/ 调料 /

冰糖适当。

/ 步骤 /

1. 银耳提前用温水泡1~2小时，泡发后去除根部黄色部分，撕成小朵备用。
2. 百合洗净后用清水浸泡20~30分钟。
3. 雪梨洗净，去皮去核，切成小块。
4. 红枣去核洗净，枸杞用清水冲洗干净备用。
5. 将处理好的银耳、百合放入锅中，加入适量清水，大火煮开后转小火炖煮30分钟。
6. 加入雪梨块、红枣继续炖煮20分钟。
7. 加入枸杞和冰糖，再煮5~10分钟，至冰糖完全融化即可。

烹饪秘笈

1. 银耳一定要充分泡发，这样煮出来的口感才会软糯。
2. 炖煮过程中要适时搅拌，防止粘锅。
3. 冰糖的用量可以根据个人口味进行调整。

香菇瘦肉汤

香菇与瘦肉邂逅，熬制成这碗汤。它性质温和，具有滋阴的效果，能润泽干燥的身体，滋养阴液，平息体内的虚火。慢慢品尝这碗汤，给我们的身体一场滋养的盛宴，为健康加分。

适合人群

香菇，一般人群均可食用尤其适合免疫力低下、高血压、高血脂、糖尿病、肥胖症、癌症、佝偻病患者食用。

贫血、气血不足、年老体弱者，处于生长发育阶段的儿童和孕妇也适合食用香菇来补充营养。

饮食禁忌

在中医理论中，香菇为动风食物，顽固性皮肤瘙痒症患者、脾胃寒湿气滞者应少食。

香菇不宜与河蟹、驴肉等食物一同食用。

动手煮汤

/ 材料 /

香菇5~6朵，瘦肉150~200克，生姜2~3片，葱1根，枸杞10粒左右，红枣2~3颗（去核）。

/ 调料 /

盐适量，料酒、生抽、淀粉、食用油、白胡椒粉各少许（可根据个人口味添加）。

/ 步骤 /

1. 香菇洗净去蒂，切成薄片备用。
2. 瘦肉洗净切成薄片，放入碗中，加入少许料酒、生抽、淀粉，抓匀腌制15~20分钟。
3. 生姜切片，葱切成葱花备用。
4. 锅中倒入适量清水，大火烧开后放入姜片和香菇片，煮3~5分钟。
5. 保持锅中水沸腾，将腌制好的瘦肉片逐片放入锅中，用筷子快速划散，煮3~5分钟，直至瘦肉片变色熟透。
6. 放入红枣和枸杞，继续煮2~3分钟。
7. 加入适量盐和少许白胡椒粉调味，搅拌均匀。
8. 滴入几滴食用油，撒上葱花，即可关火出锅。

烹饪秘笈

1. 腌制瘦肉时加入淀粉，可以使煮出的肉片更加嫩滑。
2. 煮肉片时要逐片放入锅中，避免肉片粘连在一起，影响口感。
3. 最后滴入几滴食用油，可以使汤的色泽更加明亮，口感更加顺滑。

蛤蜊豌豆苗汤

蛤蜊肉质鲜嫩，富含蛋白质、多种维生素和矿物质，能滋阴润燥，为干燥的身体补充津液，安抚体内的虚火。清新的青菜，含有丰富的膳食纤维和维生素，可清热除烦、通利肠胃。

适合人群

一般人群均可食用，尤其适合患有高胆固醇、高血脂、甲状腺肿大、支气管炎、胃病等疾病的人群。
适合体质虚弱、营养不良、阴虚盗汗者以及糖尿病、癌症、干燥综合征患者食用。
适合儿童、孕妇、哺乳期妇女食用。

饮食禁忌

蛤蜊性寒，脾胃虚寒、腹泻便溏者忌食；风寒感冒期间忌食。
蛤蜊不宜与啤酒同食，否则容易诱发痛风。
蛤蜊不宜与田螺、橙子、芹菜等同食。

选购方法（蛤蜊）

| 看外壳 | 外壳光滑、有光泽，没有破损或裂痕，颜色较为鲜艳的为佳。
| 碰触角 | 用手轻轻触碰蛤蜊的触角，触角能快速回缩，说明蛤蜊是鲜活的。
| 掂重量 | 挑选时可拿起蛤蜊掂一掂重量，同等大小下，较重的蛤蜊肉质通常更饱满，含水量更高。

动手煮汤

/ 材料 /
蛤蜊300克，豌豆苗30克，姜5克，胡椒粉2克，盐3克，味精1克。

/ 食材准备 /
1. 用盆接清水，将蛤蜊在清水中浸泡，目的是让它们吐出泥沙。沙子吐完后将蛤蜊洗干净，备用。
2. 择取豌豆苗，清水净洗净，备用。
3. 将姜去皮，洗干净，切成丝，备用。

/ 步骤 /
1. 锅内倒清水，烧开后，将蛤蜊、姜丝一起放入锅中，烧开至水滚沸，煮至蛤蜊壳全部打开即可。
2. 最后将豌豆苗放入锅中，稍微煮一下，调入盐、味精等调味，即可出锅。

烹饪秘笈

煮制时间不宜过长，以免影响汤的鲜味和口感；可以根据个人口味适量调整盐和胡椒粉等的用量；若喜欢更丰富的口感，可以加入其他食材如豆腐、鸡蛋等。

湿热体质

莲藕薏米排骨汤

体质特征

湿热体质的人,就像是处在闷热潮湿的环境中,具体表现为面部油腻、易生痤疮,口苦口干,身体困倦,还可能伴有大便黏腻、小便短黄等情况。

营养需求

湿热体质的人的食物,要以清淡、清热利湿的为主。

莲藕薏米排骨汤

莲藕，生性清凉，能清热生津、凉血散瘀，帮助清除体内的燥热；薏米是粗粮中的佼佼者，健脾益胃，促进消化。二者搭配熬成的汤，口感清甜，营养丰富。

适合人群

一般人群均可食用，尤其适合体弱多病者，以及高热病人、吐血者、高血压、肝病、食欲不振、缺铁性贫血、营养不良者。

饮食禁忌

莲藕生性偏凉，产妇不宜食用，脾胃消化功能低下、大便溏泄者不宜生吃。

动手煮汤

/ 材料 /
莲藕1节，薏米50克，排骨200克，红枣5~6颗，姜片3~4片，葱段适量。

/ 调料 /
盐、料酒适量。

/ 步骤 /
1. 薏米提前浸泡3~4小时，使其充分吸收水分。
2. 莲藕洗净，去皮切成小块备用。
3. 排骨洗净，剁成小段，冷水下锅，加入料酒和几片姜片，水开后煮3~5分钟，捞出沥干水分。
4. 将焯水后的排骨、浸泡好的薏米、莲藕块、红枣、姜片放入锅中，加入适量清水。
5. 大火煮开后，转小火炖煮40~50分钟，直至排骨肉烂、薏米和莲藕软糯。
6. 根据个人口味加入适量盐调味。
7. 撒上葱段，搅拌均匀后即可出锅享用。

> **烹饪秘笈**
> 1. 薏米提前浸泡可以缩短烹饪时间，并且更容易煮烂出香。
> 2. 排骨焯水时加入料酒和姜片，可以有效去除腥味。
> 3. 炖煮过程中要适时查看水量，防止烧干，如果水不够可适量添加热水。

烹饪时间 60分钟　难易程度 简单

冬瓜薏米瘦肉汤

冬瓜薏仁瘦肉汤具有清热利湿之效,能帮助湿热体质人群清除体内湿热,减轻湿热带来的,诸如烦躁、口苦、舌苔黄腻等问题;还能调节代谢,促进体内湿气和代谢废物的排出,在一定程度上可改善湿热体质者身体沉重、困倦等问题。

适合人群

一般人群均可食用,尤其适合肾脏病、水肿、高血压、冠心病、糖尿病患者。

饮食禁忌

脾胃虚寒、肾脏虚寒、阳虚肢冷者慎食。

动手煮汤

/ 材料 /
猪瘦肉100克,冬瓜200克,薏米150克。
/ 调料 /
盐、味精、香油、高汤各适量。
/ 步骤 /
1. 猪瘦肉洗净,切成薄片,用淀粉、盐、香油抓匀,静置备用。
2. 将薏米清洗干净,用水浸泡2小时;冬瓜洗干净,去皮去瓤,切成薄片备用。
3. 往砂锅里倒入高汤,下入薏米,大火煮沸,转小火煮40分钟至熟烂。
4. 倒入冬瓜煮至入味,放入猪肉片稍煮,加盐、味精调味,淋入香油即可。

烹饪秘笈

1. 去皮切件:冬瓜的外皮较硬,需要先去皮,然后根据个人喜好切成块状、片状或丝状。
2. 调味:冬瓜的味道比较清淡,可以根据个人口味加入适量的调味料,如盐、鸡精、生抽、蚝油等。

气虚体质

参鸡补气汤

体质特征

气虚体质的人,可能常常会有容易疲劳、气短懒言、精神不振、容易出汗、稍微活动一下就气喘吁吁的感觉,还可能伴有免疫力较低、容易感冒等问题。

营养需求

气虚体质的人在饮食方面,需要格外用心。主食可以多选择一些具有健脾益气作用的食物,比如小米、糯米、大米等,它们就像温暖的阳光,能够滋养身体;蔬菜中,南瓜、胡萝卜、山药等都是不错的选择,补充营养,给身体"加油打气";肉类之中,鸡肉、牛肉、鱼肉等温和易消化,能很好地补充身体所需的能量和营养。

同时,也要注意少吃耗气的食物,像空心菜、生萝卜等;还要避免生冷寒凉的食物,保护好身体的阳气。合理搭配各种食材,让每一餐都成为呵护健康的小卫士,陪伴我们拥抱美好生活。

参鸡补气汤

如果生活的忙碌让我们元气大伤,当疲惫与乏力侵袭我们的身心,那么参鸡补气汤便是适宜的滋养良方。这道汤里,鲜嫩的鸡肉与珍贵的人参相遇,小火慢炖之下,人参的精华融入鸡肉,鸡肉的鲜香融入汤中。

适合人群

身体虚弱、气血不足、气短、贫血、神经衰弱的人群。
病后或产后需要调养身体、恢复元气的人群。
工作压力大、长期疲劳、精神紧张,导致身体处于亚健康状态的人群。
老年人身体机能下降、免疫力降低,适量食用人参可起到一定的滋补作用。

饮食禁忌

人参不宜与藜芦、五灵脂同用。
服用人参期间不宜食用萝卜、莱菔子、浓茶等,以免影响人参的药效。
实证、热证而正气不虚者忌服。

动手煮汤

/ 材料 /
鸡(约1000克)1只,人参15克,红枣5~6颗,枸杞10克,生姜3~4片,葱段适量。

/ 调料 /
盐、料酒适量。

/ 步骤 /
1. 鸡处理干净,去除内脏、油脂,切成大块,放入开水中焯水,加入料酒去腥,煮2~3分钟后捞出,用清水冲洗干净。
2. 人参洗净,红枣去核洗净,枸杞用清水浸泡10分钟左右,生姜切片,葱切段。
3. 将处理好的鸡肉、人参、红枣、姜片放入砂锅中,加入适量清水。
4. 大火煮开后转小火慢炖1.5~2小时,适时撇去浮沫。
5. 放入枸杞继续炖煮10~15分钟。
6. 根据个人口味加入适量盐调味。
7. 撒上葱段,即可出锅享用。

烹饪秘笈

人参的用量可根据个人体质和需求适当调整,但不宜过量。炖煮过程中要小火慢炖,才能使汤品更加鲜美、营养。

烹饪时间
1.5~2小时

难易程度
中

鸽子汤

当鸽子汤端上桌,那浓郁的香味扑面而来。喝上一口,鲜美的滋味在舌尖散开,暖意瞬间传遍全身。鸽子肉鲜嫩多汁,每一口都是满满的营养。

适合人群(鸽子)

鸽子肉富含蛋白质、软骨素等营养成分,对老年人补充营养和增强体质有一定帮助。

鸽子肉蛋白质丰富,脂肪含量低,适合孕妇补充营养,对促进胎儿发育有益。

鸽子肉含有丰富的支链氨基酸和精氨酸,可促进蛋白质合成,有助于伤口愈合和身体恢复。

鸽子肉具有补肝壮肾、益气补血等功效,适合身体虚弱、气血不足的人群食用。

饮食禁忌

鸽子肉性热,食积胃热者食用后可能会加重内热症状,引起消化不良、胃脘胀满、口臭、便秘等问题。

鸽子肉具有补肾壮阳的作用,性欲旺盛者食用后可能会进一步增强性欲,不利于身体健康。

动手煮汤

/ 材料 /

鸽子1只,红枣5~6颗,枸杞10克,生姜3~4片,葱段适量,莲子20克,桂圆5~6颗。

/ 调料 /

盐、胡椒粉、料酒适量。

/ 步骤 /

1. 将鸽子清洗干净,去除内脏、杂质,切成小块。
2. 锅中加入适量清水,放入鸽子块,加入适量料酒、2片生姜,水开后煮2~3分钟,捞出鸽子块,用清水冲洗掉血沫,沥干备用。
3. 红枣去核洗净,枸杞用清水浸泡10~15分钟,莲子洗净提前浸泡30分钟,桂圆去核备用。
4. 将处理好的鸽子块放入砂锅中,加入红枣、莲子、桂圆、剩余的生姜片,加入适量清水。
5. 大火煮开后转小火慢炖1.5~2小时。
6. 放入枸杞继续炖煮10~15分钟。
7. 加入适量盐和胡椒粉调味。
8. 搅拌均匀后,撒上葱段即可出锅。

烹饪秘笈

1. 鸽子焯水时加入料酒和生姜,可以有效去腥味。
2. 煮汤时水要一次性加足,中途尽量不要加水,如果实在需要加水,要加开水。
3. 小火慢炖可以使鸽子汤更加浓郁鲜美。

阳虚体质

山药牛腩汤

体质特征

  阳虚指人体阳气不足,阳虚体质以畏寒怕冷、手足不温等虚寒表现为主要特征,常见表现有平素畏冷,手足不温,喜热饮食,精神不振,舌淡胖嫩,脉沉迟等。阳虚体质的人肌肉松软不实,性格多沉静、内向,耐夏不耐冬,易感风、寒、湿邪。

营养需求

  阳虚体质的人可多食用温阳的食物,如羊肉、牛肉、鸡肉、核桃、栗子、韭菜、茴香等;同时,应减少或避免生冷、寒凉食物的摄入,如冰淇淋、冷饮、苦瓜、西瓜、梨、绿豆等。

山药牛腩汤

在寒冷的日子里,为自己和家人煮上一锅山药牛腩汤吧。精选的牛腩,肉质鲜嫩多汁,山药软糯清甜。这锅山药牛腩汤,不仅滋养了我们的身体,更慰藉了我们的心灵,成为生活中最美的味道。

适合人群(牛腩)

牛腩富含蛋白质、氨基酸和矿物质等营养成分,对于儿童、青少年的生长发育有很好的促进作用。

身体虚弱、病后调养的人群,食用牛腩可以补充营养,增强体力,提高身体的免疫力。

牛腩中的铁元素含量丰富,有助于改善缺铁性贫血症状。

动手煮汤

/ 材料 /

牛腩500克,山药200克,胡萝卜1根,姜片3~4片,葱段适量,八角2~3个,桂皮1块,香叶2~3片,干辣椒2~3个。

/ 调料 /

料酒、生抽、老抽、盐、冰糖、白胡椒粉、食用油适量。

/ 步骤 /

1. 牛腩切成大小均匀的块,放入冷水中浸泡30~60分钟,其间换水1~2次。牛腩泡出血水后捞出,沥干水分。
2. 山药去皮,切成滚刀块,放入清水中浸泡,防止氧化变色。
3. 胡萝卜洗净,去皮,切成滚刀块。
4. 锅中加入适量清水,放入牛腩块、2~3片姜片、适量料酒,大火烧开后撇去浮沫,煮3~5分钟后,将牛腩捞出用热水冲洗干净,沥干水分备用。
5. 锅中倒入适量食用油,油热后放入姜片、葱段、八角、桂皮、香叶、干辣椒(可选)煸炒出香味,放入牛腩块翻炒均匀,加入适量生抽、老抽,翻炒至牛腩上色。
6. 将炒好的牛腩块转入砂锅中,加入适量清水,大火烧开后转小火炖煮约1小时,至牛腩软烂。
7. 放入山药块和胡萝卜块,继续炖煮20~30分钟,至山药和胡萝卜熟透。
8. 加入适量盐、冰糖、白胡椒粉调味,搅拌均匀,继续煮5~10分钟,让调料充分融合,即可出锅。

烹饪秘笈

1. 浸泡牛腩可以有效去除血水和腥味,如果时间允许,可适当延长浸泡时间。
2. 山药去皮时最好戴上手套,以免山药的黏液沾到手上引起过敏瘙痒。

萝卜羊排骨汤

对于体质虚寒的人来说，适量食用羊排汤可以起到一定的滋补作用，帮助抵御寒凉。但要注意，一些特殊人群如高血脂、高血压患者等，应根据自身情况合理选择和控制食用量。

适合人群

羊排骨性温，能温中暖肾、益气补虚，对于手脚冰凉、畏寒怕冷的人，有很好的滋补作用。

羊肉中的铁元素有助于补充血红蛋白，改善贫血症状。

羊肉富含蛋白质、脂肪、维生素和矿物质等营养成分，可为身体提供丰富的能量和营养，帮助改善营养不良的状况。

羊肉能增强体质，提高身体的免疫力。

可为体力劳动者提供充足的能量，缓解疲劳。

羊肉有助于促进少年儿童生长发育，增强其骨骼和肌肉的力量。

动手煮汤

/ 材料 /

鲜羊排骨500克，白萝卜400克。

/ 调料 /

葱、姜、盐、葱花适量。

/ 步骤 /

1. 羊排骨洗净，剁成大块；葱洗净切段；姜洗净切片；白萝卜去皮洗净，切厚片。
2. 羊排骨入凉水锅中煮沸，捞出用水冲净备用。
3. 煲锅中倒入适量清水，放入葱段、姜片、羊排骨，大火煮沸后改用小火炖约1小时。
4. 加入白萝卜片继续炖煮约45分钟，加盐调味，撒上香葱花即可。

烹饪秘笈

1. 浸泡去血水：将羊排浸泡在冷水中一段时间，其间换水几次，可以去除血水和杂质，减少膻味。
2. 焯水去腥：将羊排冷水下锅，加入白醋或料酒等调料，焯水过程中撇去浮沫，这样可以去除膻味。
3. 控制火候：炖汤时先用大火烧开，再转小火慢炖，这样可以让羊排的营养充分释放到汤中，使汤更加浓郁鲜美。
4. 调味适量：炖汤时不要过早加入调味料，以免影响汤的鲜味，最后根据个人口味加入适量的盐、胡椒粉等调味料即可。

痰湿体质

南瓜薏米汤

痰湿体质特征

痰湿体质的人，或许有着圆润的身形，腹部的肉肉也比较松软；脸上总是泛着油光，出汗的时候感觉黏黏的，喉咙里也总有吐不完的痰；平时可能会觉得胸口闷闷的，身体也容易困倦。

紫菜

营养需求

在体质营养方面，痰湿体质的人要尽力让饮食变得清淡又健康，那些肥腻、甜腻的食物，也别贪杯喝酒；多吃一些新鲜的蔬菜和水果，像清爽的白萝卜、营养的紫菜、甜甜的大枣，还有祛湿的薏米等。

薏米

南瓜薏米汤

在这喧嚣尘世中,让一碗南瓜薏米汤温暖时光。金黄的南瓜,软糯香甜,融入了满满的阳光味道;粒粒饱满的薏米,带着田野的清新气息。它们在锅中慢慢炖煮,渐渐交融成浓郁的浓汤。

适合人群

一般人群均可食用,尤其适合中老年人和肥胖者。

南瓜中含有丰富的钴元素,能促进人体新陈代谢,增强造血功能,且南瓜中的果胶可延缓肠道对糖和脂质的吸收,适合糖尿病患者适量食用。

南瓜含有丰富的类胡萝卜素,在体内可转化为维生素 A,对儿童的生长发育、视力保护有重要作用。

南瓜营养丰富,富含多种维生素和矿物质,有助于孕妇补充营养。

饮食禁忌

南瓜性温,胃热炽盛者过多食用可能会加重胃热,出现口臭、口渴、便秘等症状。

南瓜多食会导致滞气,气滞中满者食用后可能会导致腹胀、胃胀等症状加重。

动手煮汤

/ 材料 /

南瓜 300 克,薏米 50 克,牛奶 200 毫升。

/ 调料 /

冰糖适量。

/ 步骤 /

1. 薏米提前洗净,用清水浸泡 2~3 小时。
2. 南瓜去皮、去瓤,切成小块。
3. 将浸泡好的薏米放入锅中,加入适量清水,大火煮开后转小火煮 30~40 分钟,至薏米熟透。
4. 将南瓜块放入锅中,继续煮 15~20 分钟,至南瓜变软。
5. 使用搅拌棒或料理机,将南瓜和薏米连同汤汁一起搅打成细腻的糊,倒回锅中。
6. 加入牛奶和适量冰糖,搅拌均匀,继续煮 5~10 分钟,至冰糖融化,汤汁浓稠即可。

烹饪秘笈

浸泡薏米可以使薏米更容易煮熟煮烂,减少煮制的时间。搅打南瓜和薏米时,可以根据个人喜好调整浓稠度,如果喜欢稀一点的汤,可以适当增加清水或牛奶的量。

豆腐海带汤

豆腐海带汤是一份温暖的慰藉。洁白的豆腐，宛如无瑕的璞玉，在锅中轻轻颤动；海带则像大海的使者，带着海洋的气息与豆腐相遇。当清水拥抱它们，小火慢慢炖煮，香气渐渐弥漫开来。

适合人群（豆腐）

一般人群均可食用豆腐，尤其适合儿童、老人、孕妇、产妇等需要补充营养的人群。患有高血压、高血脂、高胆固醇症及动脉硬化、冠心病患者。身体虚弱，营养不良，气血双亏，年老羸瘦者。

饮食禁忌

豆腐中含嘌呤较多，对嘌呤代谢失常的痛风病人和血尿酸浓度增高的人，忌食豆腐。
脾胃虚寒，经常腹泻便溏者也忌食。

动手煮汤

/ 材料 /

豆腐1块，海带100克，葱姜蒜适量，瘦肉50克，食用油适量，香菜适量。

/ 调料 /

盐适量、生抽适量、鸡精适量、胡椒粉适量。

/ 步骤 /

1. 豆腐切成小块，放入开水中焯水去除豆腥味，捞出备用。
2. 海带泡发后洗净，切成小段。
3. 瘦肉切成薄片，葱姜蒜切末备用。
4. 锅中倒入适量食用油，油热后放入葱姜蒜爆香。
5. 加入瘦肉片煸炒至变色。
6. 倒入适量清水，大火烧开。
7. 放入海带段和豆腐块，再次煮开后转小火炖煮10～15分钟。
8. 加入盐、生抽、鸡精、胡椒粉调味。
9. 出锅前撒上香菜即可。

烹饪秘笈

1. 如果用干海带，需要提前用温水泡发2～3小时，中间换水2～3次，去除多余的盐分和杂质。
2. 豆腐焯水时，在水中加一点盐，可以使豆腐更加紧实，不易碎。

清炖鸭肉汤

在时光的角落，清炖鸭肉汤是温暖的存在。精选的鸭肉，是自然的馈赠，投入锅中与清水相拥，小火慢炖，鸭肉渐渐释放出醇厚的香气，融入每一滴汤汁。那乳白的汤，宛如岁月的凝炼，藏着浓浓的深情。

适合人群（鸭肉）

鸭肉富含蛋白质、维生素和矿物质等营养成分，能够为身体提供能量，增强体质。鸭肉性凉，可清热去火，适合燥热、易上火的人食用。

产后身体虚弱，适量食用鸭肉可达到清补作用，帮助身体慢慢恢复。

鸭肉肉质较为鲜嫩，容易消化，适合老年人食用。

饮食禁忌

对于身体虚寒、受凉引起不思饮食、胃部冷痛、腹泻清稀、腰痛及寒性痛经者不宜食用；肥胖症、动脉硬化、慢性肠炎患者应少食。

感冒患者不宜食用。

动手煮汤

/ 材料 /

鸭肉500克，生姜1块，大葱1根，红枣5~6颗，枸杞10~15粒，莲子20克，干香菇3~4朵。

/ 调料 /

盐、料酒、白胡椒粉适量。

/ 步骤 /

1. 将鸭肉洗净，切成大小适中的块状。锅中加入适量清水，放入切好的鸭肉块，加入两三片生姜、少许料酒，水开后煮2~3分钟，捞出鸭肉，用热水冲洗掉表面的浮沫，沥干水分备用。
2. 生姜洗净切片；大葱切段；干香菇泡发好，洗净切十字花刀；红枣去核备用。
3. 将焯好水的鸭肉放入砂锅中，加入姜片、葱段、红枣、莲子、香菇。
4. 加入足量的清水，没过食材。大火烧开后撇去浮沫，转小火慢炖1.5~2小时。
5. 出锅前10分钟加入枸杞。
6. 最后加入适量盐和白胡椒粉调味，搅拌均匀即可。

烹饪秘笈

1. 焯水后的鸭肉用热水冲洗，能保持鸭肉的鲜嫩口感，防止遇冷水肉质收缩影响口感。
2. 炖汤过程中要注意撇去浮沫，这能让汤更加清澈。
3. 小火慢炖能使汤更加浓郁鲜美。

血瘀体质

体质特征

血瘀体质的人，就像被时光凝固的画卷。他们的面色往往晦暗，没有明亮的光泽，就像蒙了一层淡淡的灰尘；嘴唇颜色偏暗，甚至发紫；眼睛里常常能看到细小的红血丝；皮肤也较为粗糙；身上不知不觉出现瘀斑，稍微磕碰一下，就会青紫许久。血瘀体质的人，还常常会感到身体某些部位疼痛，这种疼痛就像一个调皮的孩子，时隐时现，在阴雨天或是寒冷的季节加剧。

营养需求

血瘀体质的人需要选择那些能够活血化瘀、疏通经络的食物。山楂，那酸酸甜甜的小红果，是血瘀体质的好朋友，它可以帮助活血化瘀，促进血液的流动；还有桃仁，宛如大自然赐予的小小宝藏，也具有活血化瘀的功效；此外，黑豆、油菜等食物，也像是贴心的伙伴，默默地为改善血瘀体质贡献着力量。

莴笋海带汤

莴笋海带汤是一份贴心的慰藉。鲜嫩的莴笋，宛如大地孕育出的绿宝石，清新而充满生机；海带则似大海的礼物，带着海洋的深沉与温柔。当它们在锅中邂逅，融入那清澈的汤水，一场美妙的味觉之旅就此开启。

适合人群

一般人群均可食用，特别适合老人、儿童、小便不通、尿血、以及水肿、肥胖、神经衰弱症、高血压、心律不齐、失眠症及糖尿病患者食用。
女性产后缺奶或乳汁不通也适合食用莴笋。

饮食禁忌

莴笋性凉，脾胃虚寒、腹泻便溏者不宜多食。
眼疾患者，尤其是夜盲症患者应少食莴笋。

动手煮汤

/ 材料 /
莴笋1根，海带50克，蒜瓣2～3瓣，生姜2～3片，葱花适量。
/ 调料 /
盐、鸡精、食用油适量。
/ 步骤 /
1. 莴笋去皮洗净，切成细丝备用。
2. 海带提前泡发好，洗净后切成小段。
3. 蒜瓣切末，生姜切末备用。
4. 锅中倒入适量食用油，油热后放入蒜末和姜末爆香。
5. 加入海带段翻炒片刻。
6. 倒入适量清水，大火烧开。
7. 放入莴笋丝，再次煮开后转中小火煮5～8分钟。
8. 加入适量盐和鸡精调味。
⑨ 出锅前撒上葱花即可。

烹饪秘笈

1. 海带泡发后，在水中加一点醋，能有效去除海带的腥味。
2. 莴笋丝不要切得太细，以免煮得过于软烂失去口感。

金针菇豆腐汤

鲜嫩的豆腐,如同沉睡的白玉,安静地等待着与金针菇的相遇;纤细的金针菇,像是大地的精灵,带着自然的清新。当它们在锅中与清水相拥,慢慢炖煮,香气渐渐弥漫,仿佛是时光的低语。

适合人群

一般人群均可食用,尤其适合气血不足、营养不良的老人、儿童、癌症患者,肝病及胃病、肠道溃疡、心脑血管疾病患者食用。

适合肥胖者和中老年人食用,可抑制血脂升高,降低胆固醇,预防心脑血管疾病。

饮食禁忌

脾胃虚寒者金针菇不宜吃得太多。

关节炎、红斑狼疮患者要谨慎食用,以免加重病情。

动手煮汤

/ 材料 /

金针菇100克,嫩豆腐1块,西红柿1个,鸡蛋1个,香葱1根,香菜1根,大蒜2瓣,生姜1片。

/ 调料 /

生抽、蚝油1勺,盐、白胡椒粉、淀粉适量。

/ 步骤 /

1. 金针菇切去根部,撕成小束,洗净备用;嫩豆腐切成小块;西红柿去皮切成小块;鸡蛋打入碗中搅散;香葱、香菜切碎;大蒜、生姜切末。
2. 锅中加少许油,油热后放入蒜末、姜末爆香,加入西红柿块翻炒出汁。
3. 倒入适量清水,大火烧开后放入金针菇和豆腐块。
4. 再次煮开后,加入1勺生抽、1勺蚝油和适量盐调味。
5. 缓慢倒入鸡蛋液,形成蛋花。
6. 淀粉用水调成水淀粉,缓缓倒入锅中,搅拌均匀,使汤汁稍微浓稠。
7. 撒上白胡椒粉,搅拌均匀,出锅前撒上香葱碎和香菜碎即可。

烹饪秘笈

1. 在西红柿顶部划十字花刀,然后用开水烫一下,就能轻松去皮。
2. 倒入鸡蛋液时要缓慢,边倒边搅拌,这样蛋花会比较均匀。

鳝鱼汤

鳝鱼汤是一份暖心的礼物。鲜活的鳝鱼，在水中灵动地游弋，仿佛带着自然的祝福。当它被精心处理，与清水、调料相拥入锅，一场美味的蜕变就此开启。慢慢炖煮中，鳝鱼汤的香气悠悠飘散。

适合人群

身体虚弱、气血不足、营养不良者。
四肢关节疼痛、风湿麻痹者。
内痔出血、子宫脱垂者。

饮食禁忌

在中医理论中，鳝鱼动风，有瘙痒性皮肤病者忌食。
有痼疾宿病，如支气管哮喘、淋巴结核、癌症、红斑性狼疮等的人应谨慎食用。

动手煮汤

/ 材料 /

鳝鱼300克，生姜1块，大葱1段，香菜1小把。

/ 调料 /

盐、料酒、食用油、白胡椒粉适量。

/ 步骤 /

1. 将鳝鱼处理干净，切成小段；姜切片，葱切段，香菜切碎备用。
2. 锅中倒入适量食用油，油热后放入姜片和葱段煸炒出香味。
3. 放入鳝鱼段，翻炒至变色，淋入适量料酒去腥。
4. 加入适量清水，大火烧开后撇去浮沫，转小火炖煮20~30分钟。
5. 煮至汤变浓白，加入适量盐调味。
6. 出锅前撒上白胡椒粉和香菜碎即可。

烹饪秘笈

1. 处理鳝鱼时，可以先将鳝鱼放入开水中烫一下，便于去除表面的黏液。
2. 炖煮过程中要不时撇去浮沫，才能让汤更加清澈。

气郁体质

气郁体质特征

气郁体质的人，情感细腻，内心世界丰富而多彩，但也常常被莫名的忧郁和烦闷所困扰。他们常常会感觉胸口像是被一块无形的石头压着，呼吸也不那么顺畅，时常唉声叹气，才能稍微缓解心中的憋闷。他们的睡眠总是不安稳，多梦易醒。在人群中，他们可能会感到孤独和无助，对于外界的压力和变化，他们的内心会产生比一般人更加强烈的反应。

营养需求

对于气郁体质的人来说，饮食是滋养心灵的"魔法药材"。他们需要选择那些能够疏肝理气、解郁安神的食物。玫瑰花，如同爱情的使者，用它的芬芳和甜美，为气郁体质的人带来心灵的慰藉；还有柑橘，那酸甜的滋味，就像阳光穿透云层，照亮内心的阴霾；此外，香菜、萝卜等食物，也像是温暖的春风，轻轻吹散心中的忧郁。

豆芽汤

豆芽汤是一份温暖又清新的慰藉。那一颗颗饱满的豆芽,像是大自然孕育的小精灵,充满了生机与活力。当它们投身于热汤之中,欢快地翻滚跳跃,释放出属于自己的清甜。汤在锅中咕噜咕噜地冒泡,仿佛在讲述着一个关于美味与爱的故事。

适合人群

一般人群均可食用。青少年可多食,有助于生长发育;孕妇多食有助于缓解妊娠性高血压;老年人食用有助于预防骨质疏松、便秘等。

经常吸烟的人、酗酒者适合食用豆芽,因豆芽有清热解毒、醒酒利尿的功效。

便秘、高血脂、皮肤粗糙者适合食用豆芽,有助于改善相关症状。

饮食禁忌

慢性腹泻、脾胃虚寒者应少食。

如果培育环境不佳,豆芽在生长过程中可能会产生一些对人体有害的物质,购买时应选择正规渠道,有品质保障的豆芽。

动手煮汤

/ 材料 /

豆芽200克,大蒜3~4瓣,大葱1段,海米10克。

/ 调料 /

生抽1勺,盐、胡椒粉、牛肉粉(或鸡精)适量。

/ 步骤 /

1. 豆芽洗净,掐去根部;大蒜切末,大葱切成葱花备用。
2. 锅中倒油,油热后放入蒜末和葱花爆香。
3. 加入豆芽翻炒至微微变软。
4. 倒入适量清水,放入海米,大火烧开。
5. 烧开后撇去浮沫,加入生抽,转小火煮10~15分钟。
6. 加入适量盐、胡椒粉和牛肉粉(或鸡精)调味。

烹饪秘笈

1. 豆芽根部口感较差,掐去根部可以提升口感。
2. 煮豆芽汤时,先用大火烧开,再转小火慢煮,这样可以使豆芽的鲜味充分融入汤中。

特禀体质

鲫鱼汤

体质特征

特禀体质的人,就像是被大自然施了特殊魔法的孩子。他们的身体对外界的变化格外敏感,季节的更替、花粉的飘舞、尘螨的出没,甚至是普通的食物,都可能成为触发身体不适的开关。他们的皮肤常常出现红疹、瘙痒,呼吸道也容易因外界的微小刺激而咳嗽、喘息。

对于特禀体质的人来说,生活就像是一场小心翼翼的冒险,需要时刻警惕那些可能引发过敏反应的"小怪兽",但也正是这种特殊,让他们更加珍惜健康与平静的时光。

营养需求

在饮食的世界里,特禀体质的朋友需要一份专属的"营养地图"。他们需要多摄入一些富含维生素C、维生素E和矿物质的食物,这些营养元素就像是坚固的盾牌,帮助增强身体的抵抗力和抗过敏能力。新鲜的水果,如橙子、草莓、猕猴桃;蔬菜中的西兰花、菠菜、胡萝卜;坚果中的杏仁、核桃、腰果,都是他们的营养好伙伴。

鲫鱼豆腐汤

奶白色的汤汁，如同月光下静谧的湖泊，泛着微微的光泽。鲜嫩的鲫鱼在锅中翻腾，仿佛在诉说着它从河流到厨房的奇妙旅程。每一滴汤汁，都凝聚着鱼的鲜美与营养，那是大自然最纯粹的味道。

适合人群

一般人群均可食用，尤其适合慢性肾炎水肿、肝硬化腹水、营养不良性浮肿者食用。

产后乳汁缺少者、脾胃虚弱者，老人及儿童宜食。

饮食禁忌

感冒发热期间不宜多吃。

鲫鱼不宜与芥菜、猪肝、鸡肉、野鸡肉、鹿肉，以及麦冬、厚朴一同食用。

动手煮汤

/ 材料 /

鲫鱼1~2条，豆腐1块，姜片3~4片，葱段适量，香菜适量。

/ 调料 /

盐、食用油、料酒、白胡椒粉适量。

/ 步骤 /

1. 鲫鱼处理干净，在鱼身两面划几刀，用料酒和盐腌制15~20分钟。
2. 豆腐切成小块，放入开水中焯水去除豆腥味，捞出备用。
3. 锅中倒入适量食用油，油热后放入姜片爆香。
4. 将鲫鱼放入锅中，煎至两面金黄。
5. 加入适量的开水（一定要是开水，这样煮出的汤才会是奶白色），没过鱼身。
6. 放入葱段，大火烧开后转中火煮15~20分钟，至汤汁奶白。
7. 放入豆腐块继续煮5~10分钟。
8. 加入适量盐和白胡椒粉调味。
9. 出锅前撒上香菜即可。

烹饪秘笈

1. 煎鱼时，要等鱼一面煎定型后再翻面，这样鱼皮不容易破。
2. 煮鱼汤的过程中尽量不要频繁搅动，以免鱼肉破碎影响汤的口感和美观。

第三章
四季养生汤品全集

汤,是生活的调味剂,也是滋养身心的佳品。正如古语所云:"药补不如食补。"

四季轮回,岁月更迭,让我们用这一道道养生汤品,滋养身心,呵护健康,在平凡的生活中,品味那份属于家的温暖与幸福。

春之汤韵

春天，是大自然的新生季节，也是滋养身体的好时光。

在这充满生机的季节里，我们可以为家人煲上一锅鲜香的菠菜蛋花汤。菠菜嫩绿，犹如春天的使者，富含多种维生素和矿物质；金黄的蛋花在翠绿的菠菜间翻滚，热气腾腾，香气弥漫。

还有春笋香菇汤，鲜嫩的春笋破土而出，搭配上香气四溢的香菇，仿佛把春天的清新都汇聚在了这碗汤里。

一家人围坐一起，品尝着这些汤品，温馨又幸福。春之汤韵，是家的味道，是爱的滋味。

口蘑青菜汤

忙碌了一整天后,最渴望的就是那一碗热气腾腾的口蘑青菜汤。小小的口蘑,像是森林里的精灵,带着大自然的鲜香;青菜是清晨从菜市场带回来的,还带着露珠的清新。将它们放入锅中,清水慢慢翻滚,食材相互拥抱。不一会儿,一碗清香扑鼻的口蘑青菜汤就出锅啦。

适合人群

口蘑一般人群均可食用,尤其适合身体虚弱、免疫力低下者,以及糖尿病、高血压、高血脂等慢性疾病患者;儿童、老年人也是适宜食用口蘑的人群;减肥人士也可适当食用,因其热量较低且富含营养。

饮食禁忌

对口蘑过敏的人应避免食用。此外,口蘑尽量不要与酒同时食用,可能会产生不良反应。

动手煮汤

/ 材料 /
口蘑100克,小青菜100克,鸡蛋1个,葱10克,姜5克。

/ 调料 /
盐3克、鸡精2克、香油5克、食用油适量。

/ 步骤 /

1. 口蘑洗净,去蒂切片;小青菜洗净切段;葱切成葱花,姜切成丝;鸡蛋打入碗中,搅散备用。
2. 锅中倒入适量食用油,油热后放入葱姜爆香。
3. 加入口蘑片翻炒至变软。
4. 倒入适量清水,大火烧开。
5. 水开后加入小青菜段,煮1~2分钟。
6. 缓慢倒入打散的鸡蛋液,边倒边搅拌,形成蛋花。
7. 加入盐、鸡精调味,搅拌均匀。
8. 最后淋入香油即可出锅。

烹饪秘笈

1. 口蘑可以多炒一会儿,这样可以激发出口蘑的鲜味,让汤的味道更加浓郁。
2. 鸡蛋液倒入锅中后,要迅速搅拌,这样形成的蛋花会比较均匀细腻。
3. 如果喜欢汤更浓稠一些,可以在汤中加入少量的水淀粉勾芡。
4. 小青菜不要煮太长时间,以免营养流失和影响口感。

豌豆苗肉丸汤

鲜嫩的豌豆苗,像是春天洒下的绿色精灵,带着清新的气息。我们将精心调制的肉馅,捏成一个个可爱的小肉丸。当肉丸在热汤中翻滚,渐渐变得紧实饱满,再放入那翠绿的豌豆苗。

适合人群

豌豆苗一般人群均可食用,尤其适合高血压、高脂血症、糖尿病患者,以及经常用眼者、皮肤粗糙者食用。对于孕妇和产妇来说,适量食用豌豆苗也有助于补充营养和促进身体恢复。儿童适量食用豌豆苗,对生长发育有益。

饮食禁忌

豌豆苗性凉,脾胃虚寒者应少食;慢性胰腺炎患者不宜食用,以免加重病情。

动手煮汤

/ 材料 /

豌豆苗150克,猪肉200克,鸡蛋1个,葱姜适量,淀粉适量。

/ 调料 /

盐、料酒、生抽、白胡椒粉、鸡精、香油适量。

/ 步骤 /

1. 猪肉洗净剁成肉馅,放入碗中,加入葱姜末、盐、料酒、生抽、白胡椒粉、淀粉和鸡蛋,朝一个方向搅拌上劲。
2. 锅中加入适量清水,大火烧开,转小火。
3. 用手将肉馅捏成大小均匀的肉丸,放入锅中。
4. 待肉丸全部浮起,转中火煮3~5分钟,使肉丸熟透。
5. 放入豌豆苗,煮1~2分钟,至豌豆苗变软。
6. 加入适量盐、鸡精调味。
7. 出锅前滴入几滴香油即可。

烹饪秘笈

1. 搅拌肉馅时,要始终朝一个方向搅拌,这样可以使肉丸更加紧实有弹性。
2. 煮肉丸时要用小火,以免水过于沸腾将肉丸冲散。
3. 豌豆苗很容易熟,入锅后不宜煮太长时间,以免影响口感和营养。

萝卜丝鲫鱼汤

鲫鱼滑入热锅中,发出"滋滋"的声响。慢慢将其煎至金黄,倒入清水,再放入切成丝的白萝卜,水渐渐沸腾,就像我们生活中的热情在升温。

适合人群

一般人群均可食用,尤其适合消化不良、食积腹胀、咳嗽多痰、便秘、慢性支气管炎、皮肤干燥者。
高血压、高血脂、糖尿病等慢性疾病患者,适量食用有助于改善身体状况。

饮食禁忌

脾胃虚寒者不宜多食,白萝卜性凉,过量食用可能会加重脾胃虚寒的症状,如腹痛、腹泻等。
正在服用人参、西洋参等补气药物的人,不宜食用白萝卜,因白萝卜有下气、消滞的作用,可能会影响药效。

动手煮汤

/ 材料 /

鲫鱼 1~2 条,白萝卜半根,生姜 1 小块,葱 1 根,枸杞适量。

/ 调料 /

盐、料酒、白胡椒粉、食用油适量。

/ 步骤 /

1. 鲫鱼处理干净,在鱼身两面划几刀,用料酒和盐腌制 15~20 分钟。
2. 白萝卜去皮切丝,生姜切片,葱切成葱花,枸杞洗净备用。
3. 锅中倒入适量食用油,油热后放入姜片爆香。
4. 将鲫鱼放入锅中,煎至两面金黄。
5. 加入适量的开水,大火煮开后撇去浮沫。
6. 放入萝卜丝,继续煮 15~20 分钟,至汤变浓白。
7. 加入枸杞,再煮 5 分钟左右。
8. 加入适量盐和白胡椒粉调味。
9. 出锅前撒上葱花即可。

烹饪秘笈

1. 煎鱼时,要等锅热、油热后再放入鱼,这样鱼皮不容易粘锅。
2. 煮鱼汤时,一定要加入开水,这样煮出来的汤才会浓白。
3. 煮汤的过程中要保持大火,这样也有助于汤快速变得浓白。

夏之调养

冬瓜肉丸汤

夏天，炽热的阳光洒在大地上，此时，汤成为了餐桌上的清凉慰藉。

闷热的午后，我们可以为家人熬制一锅绿豆汤。绿豆在锅中翻滚跳跃，慢慢绽放。煮好的绿豆汤，盛在透明的碗里，冰一下，喝上一口，那清爽的滋味瞬间沁人心脾。

还有冬瓜肉丸汤，鲜嫩的肉丸搭配清甜的冬瓜，熬出的汤清澈鲜美。一家人围坐桌旁，喝着汤，汗水渐渐消散，烦躁的心情也被抚平。

这一碗碗汤，承载着夏日难得的清凉与家的温暖，让身体得到滋养，心情也变得舒畅，这便是夏之汤韵调养。

冬瓜丸子汤

精心挑选鲜嫩的冬瓜,切成薄薄的片,再把新鲜的肉馅,捏成一个个可爱的小丸子放入锅。慢慢地,冬瓜变得软糯,丸子也熟透了。热气腾腾的冬瓜丸子汤出锅了。

适合人群

一般人群均可食用,尤其适合生长发育期的儿童和青少年,有助于补充蛋白质、矿物质等营养物质,促进身体和智力发育。

可以提供优质蛋白质、铁、锌等营养素,满足孕妇和哺乳期妇女自身,以及胎儿或婴儿的营养需求。

老年人适量食用有助于维持肌肉质量和身体机能。

身体虚弱、贫血、营养不良者常吃能够补充营养、增强体质,改善贫血和营养不良状况。

饮食禁忌

猪瘦肉丸子中含有一定量的脂肪和胆固醇,过量食用可能会对高血脂、高血压、高胆固醇血症患者的病情产生不利影响,应适量食用。

猪瘦肉丸子热量较高,肥胖者过多食用可能会导致体重增加。

动手煮汤

/ 材料 /

冬瓜300克,猪肉馅200克,鸡蛋1个,葱姜适量,香菜适量。

/ 调料 /

盐、料酒、生抽、白胡椒粉、淀粉、香油适量。

/ 步骤 /

1. 冬瓜去皮去瓤,洗净后切成薄片;葱姜切末,香菜切碎备用。
2. 猪肉馅放入碗中,加入葱姜末、盐、料酒、生抽、白胡椒粉、淀粉和鸡蛋,沿同一方向搅拌均匀,直至肉馅上劲。
3. 锅中加适量清水,大火烧开后转小火,将肉馅用手挤成丸子状,逐个放入锅中。
4. 待丸子全部浮起,放入冬瓜片,煮至冬瓜透明变软。
5. 加入适量盐调味,淋入少许香油。
6. 出锅前撒上香菜碎即可。

烹饪秘笈

1. 搅拌肉馅时,朝一个方向搅拌可以让肉馅更好地吸收调料,口感也更加筋道。
2. 下丸子时保持小火,避免水过于沸腾将丸子冲散,待丸子定型浮起后再转中火。
3. 如果希望汤更浓稠一些,可以在汤中加入少量水淀粉勾芡。

丝瓜汤

鲜嫩的丝瓜，宛如翡翠般碧绿，轻轻地将它洗净、去皮、切丝。当清水在锅中欢腾，把丝瓜丝放入其中，它们在水中翩翩起舞。

适合人群

丝瓜一般人群均可食用，尤其适合痰喘咳嗽、身体疲乏者、经常便秘的人以及月经不调、产后浮汁不通的妇女。

饮食禁忌

孕妇要适量食用丝瓜，因为丝瓜性凉，过量食用可能会对孕妇及胎儿产生不利影响。

腹泻者不宜食用丝瓜，以免加重腹泻症状。

动手煮汤

/ 材料 /

丝瓜1根，鸡蛋1个，葱花适量，姜丝适量。

/ 调料 /

盐、鸡精、食用油适量。

/ 步骤 /

1. 丝瓜去皮洗净，切成滚刀块备用。
2. 鸡蛋打入碗中，搅散备用。
3. 锅中倒入适量食用油，油热后放入葱花、姜丝爆香。
4. 加入丝瓜块翻炒至微微变软。
5. 倒入适量清水，大火烧开。
6. 水开后，将鸡蛋液缓慢倒入锅中，形成蛋花。
7. 煮1~2分钟，加入适量盐和鸡精调味。
8. 搅拌均匀后即可出锅。

烹饪秘笈

1. 丝瓜去皮后如果不马上烹饪，可放入清水中浸泡，滴几滴白醋，防止其氧化变黑。
2. 倒入鸡蛋液时要缓慢匀速，边倒边搅拌，这样蛋花会更均匀、细腻。

玉米排骨汤

精选的排骨,在锅中翻腾跳跃,散发着醇厚的肉香;香甜的水果玉米,宛如娇羞的少女,安静地躺在锅中与排骨相拥。清水慢慢升温,将它们紧紧包裹,融合出爱的味道。

适合人群

水果玉米口感清甜,营养丰富,大多数人都可以食用;富含多种营养物质,有助于儿童的生长发育和营养补充;热量相对较低,且富含膳食纤维,能增加饱腹感,适合在健身期间食用;于消化,对老年人的肠胃较为友好。

饮食禁忌

水果玉米中含有一定量的糖分,糖尿病患者需控制食用量,以免引起血糖波动。

动手煮汤

/ 材料 /
水果玉米1根,排骨500克,生姜1块,葱1根,红枣5~6颗,枸杞适量。

/ 调料 /
盐、料酒、胡椒粉适量。

烹饪秘笈

1. 排骨焯水时冷水下锅,可以更好地去除血水和杂质。
2. 炖煮过程中要适时撇去浮沫,以保证汤的清澈。
3. 水要一次加足,如果中途加水,会影响汤的口感和味道。

/ 步骤 /

1. 排骨洗净切块,冷水下锅,加入适量料酒,水开后煮2~3分钟,捞出用清水冲洗干净,沥干水分备用。
2. 玉米去外皮洗净,切成段。
3. 生姜切片,葱切段。
4. 砂锅中加入适量清水,放入排骨、姜片、葱段,大火烧开后撇去浮沫,加入适量料酒,转小火炖煮30~40分钟。
5. 放入玉米段、红枣,继续炖煮20~30分钟,至玉米和排骨熟透。
6. 放入枸杞,煮5~10分钟。
7. 加入适量盐和胡椒粉调味,搅拌均匀即可。

秋之润泽

秋天，风渐凉，空气也变得干燥起来。在这个季节，一份温润的汤品，便是生活里最美的慰藉。

每当夕阳西下，走进厨房，为家人熬上一锅银耳百合莲子汤，看着银耳在锅中慢慢变得软糯，百合和莲子安静地翻滚，心里满是温暖。汤熬好后，盛出一碗，那晶莹剔透的汤汁，带着淡淡的甜香。一家人坐在一起，慢慢品尝，感受着汤的润泽，干燥的秋日也变得水润起来。在这袅袅汤香中，有爱的味道，更有秋之润泽。

羊肉萝卜汤

羊肉萝卜汤,鲜嫩的羊肉,在锅中慢慢炖煮,释放出诱人的香气。白白胖胖的萝卜,如同可爱的精灵,融入汤中,为它增添清甜。

适合人群

羊肉一般人群均可食用,尤其适合体虚胃寒者、体质虚弱、阳气不足、手足不温、畏寒无力气血两虚、形体消瘦、自汗或虚汗不止者,以及产后虚弱贫血、乳汁不下的妇女。

工作压力大、精神紧张、气血不足、面色不佳的人群也适合食用羊肉,以补充营养、调养身体。

饮食禁忌

羊肉性温热,有发热、牙痛、口舌生疮、咳吐黄痰等上火症状者不宜食用。

羊肉富含蛋白质和脂肪,肝病患者过多食用会加重肝脏负担。

高血压、高血脂及肥胖人群应少量或者不食用,以免导致血脂、血压升高和体重增加。

夏季炎热时,应减少食用,以防燥热内生。

羊肉不宜与南瓜、西瓜等温热性食物同时大量食用,容易引起身体不适。

服用中药半夏、菖蒲时,应避免食用羊肉,以免影响药效。

孕妇食用羊肉应适量,且要确保羊肉熟透,以免感染寄生虫。

动手煮汤

/ 材料 /

羊肉500克,白萝卜1根,大葱1根,生姜1块,花椒10粒,八角2个,香菜适量。

/ 调料 /

盐、料酒、白胡椒粉适量。

/ 步骤 /

1. 羊肉洗净切块,放入锅中,加入适量清水,大火烧开后撇去浮沫,捞出用热水冲洗干净,沥干水分备用。
2. 白萝卜去皮洗净,切成滚刀块;大葱切段,生姜切片。
3. 锅中倒入适量清水,放入羊肉块、葱段、姜片、花椒、八角、料酒,大火烧开后转小火炖煮1~1.5小时,至羊肉熟烂。
4. 放入白萝卜块,继续炖煮20~30分钟,至白萝卜熟透。
5. 加入适量盐和白胡椒粉调味,搅拌均匀。
6. 出锅前撒上香菜即可。

烹饪秘笈

1. 羊肉焯水时,一定要冷水下锅,这样可以更好地去除血水和杂质。
2. 炖煮羊肉的过程中要适时撇去浮沫,以保证汤的清澈和口感。
3. 白萝卜比较容易熟,所以要在羊肉炖煮至七八成熟时再放入,以免煮得过于软烂,影响口感。

排骨山药汤

在锅中与清水相拥，慢慢炖煮出醇厚的鲜香；洁白的铁棍山药，像是落入人间的精灵，安静地躺在锅中，与排骨相互依偎。随着时间的推移，汤开始咕噜咕噜地冒泡，香气也弥漫开来。

适合人群

铁棍山药营养丰富，适合大多数人日常食用以补充营养。

铁棍山药具有健脾益胃的作用，有助于改善脾胃功能，缓解脾胃虚弱导致的消化不良、食少便溏等症状。

其升糖指数较低，富含膳食纤维，有助于控制血糖，糖尿病患者可适量食用。

铁棍山药有一定的益肺气、养肺阴功效，对肺虚久咳有一定的辅助食疗作用。

铁棍山药有补肾涩精的作用，可帮助改善肾虚引起的腰膝酸软、遗精、尿频等症状。

饮食禁忌

部分人可能对山药过敏，接触或食用后会出现皮肤瘙痒、红肿、腹泻、呕吐等过敏症状，这类人群应避免食用。

铁棍山药有收敛作用，便秘患者过量食用可能会加重便秘症状。

动手煮汤

/ 材料 /

排骨500克，铁棍山药300克，红枣5~6颗，枸杞10克，生姜1块，葱1根。

/ 调料 /

料酒、盐、鸡精适量。

/ 步骤 /

1. 排骨洗净，剁成小段，冷水下锅，加入适量料酒，水开后煮3~5分钟，捞出用清水冲洗干净，沥干水分备用。
2. 铁棍山药去皮洗净，切成小段，放入清水中浸泡，防止氧化变色。
3. 生姜切片，葱切段，红枣去核备用。
4. 锅中倒入适量清水，放入排骨、姜片、葱段、红枣，大火烧开后转小火炖煮30~40分钟。
5. 放入山药段，继续炖煮20~30分钟，至山药熟烂。
6. 放入枸杞，煮5~10分钟。
7. 加入适量盐和鸡精调味，搅拌均匀。
8. 出锅前撒上葱花即可。

烹饪秘笈

1. 给铁棍山药去皮时最好戴上手套，因为山药的黏液中含有植物碱，接触到皮肤可能会引起瘙痒。
2. 排骨焯水一定要冷水下锅，这样可以更好地去除血水和杂质。
3. 炖煮过程中要适时撇去浮沫，以保证汤的清澈和口感。

莲藕猪蹄汤

小火慢炖之下，猪蹄的醇厚与莲藕的清甜相互交融。每一口汤，都像妈妈的拥抱，温暖又安心；每一块猪蹄，都是满满的胶原蛋白，如同生活中的甜蜜时刻；每一节莲藕，都散发着泥土的清香，那是大自然馈赠的深情。

适合人群

一般人群均可食用，尤其适合老人、妇女、失血者。

生长发育的青少年、手术后及重病恢复期的人群，食用猪蹄有助于补充营养、促进身体恢复。

饮食禁忌

由于猪蹄中的胆固醇含量较高，胃肠消化功能减弱的老年人，患有肝胆病、胆囊炎、胆结石、动脉硬化和高血压病的人应少食或不食。

晚餐吃得太晚或临睡前不宜吃猪蹄，以免增加血液黏稠度。

动手煮汤

/ 材料 /

猪蹄1只，莲藕1节，红枣5~6颗，生姜1块，大葱1段，枸杞10粒。

/ 调料 /

料酒2汤匙，盐、白胡椒粉适量。

/ 步骤 /

1. 猪蹄洗净切块，冷水下锅，加入1汤匙料酒和几片生姜，水开后煮3~5分钟，捞出用热水冲洗干净，沥干水分备用。
2. 莲藕去皮洗净，切成滚刀块；生姜切片；大葱切段；红枣去核备用。
3. 砂锅中加入适量清水，放入猪蹄、姜片、葱段和1汤匙料酒，大火烧开后转小火炖煮1小时左右。
4. 加入莲藕和红枣，继续炖煮30~40分钟，至猪蹄和莲藕软烂。
5. 放入枸杞，加入适量盐和白胡椒粉调味，再煮5~10分钟即可。

> **烹饪秘笈**
>
> 1. 猪蹄焯水要冷水下锅，这样可以更好地去除血水和杂质。
> 2. 炖煮过程中要不时地撇去浮沫，以保证汤的清澈。
> 3. 水要一次加足，如果中途加水，会影响汤的口感和营养。

冬之补益

老母鸡汤

冬天,是被寒冷包裹的季节,也是需要温暖补益的时光。

羊肉萝卜汤,在锅里咕噜咕噜地冒着泡。羊肉鲜嫩,萝卜清甜,炖煮出的汤汁浓郁醇厚。一家人围坐在一起,端起一碗热气腾腾的汤,轻轻吹去表面的热气,喝上一口,暖意瞬间传遍全身,仿佛所有的寒冷都被挡在了门外。这碗汤,不仅滋补了身体,更让家在冬日里充满温馨,是专属于冬天的补益与美好。

老母鸡汤

热气腾腾的鸡汤,色泽金黄,鸡肉在锅中翻滚,仿佛在诉说着成长岁月中的点点滴滴。那醇厚的滋味,顺着喉咙流淌进心底,温暖了身心。

适合人群

一般人群均可食用,尤其适合老人、少儿、妇女、产妇、体弱多病者。

饮食禁忌

发热感冒期间人体的消化功能较弱,食用老母鸡可能会加重胃肠道负担,导致消化不良,影响身体恢复。

老母鸡的脂肪含量相对较高,高血脂、高血压患者过量食用可能会导致血脂、血压升高,慎重进食。

老母鸡中的脂肪需要胆汁参与消化,会刺激胆囊收缩,可能引发胆绞痛。

老母鸡属于中嘌呤食物,食用后可能会导致血尿酸升高,诱发痛风发作或加重病情。

动手煮汤

/ 材料 /

老母鸡1只,红枣5~6颗,枸杞10~15粒,生姜1块,葱1段,香菇(可选)3~4朵。

/ 调料 /

料酒2汤匙,盐、白胡椒粉适量。

/ 步骤 /

1. 老母鸡处理干净,去除内脏、鸡油和鸡屁股,斩成大块。
2. 锅中加入适量清水,放入鸡块,加入1汤匙料酒,大火煮开后撇去浮沫,将鸡块捞出用热水冲洗干净,沥干水分备用。
3. 生姜切片,葱切段。
4. 砂锅中加入足量的清水,放入焯好水的鸡块、姜片、葱段和1汤匙料酒,大火烧开后转小火慢炖1.5~2小时。
5. 香菇提前泡发好,在炖煮1小时后放入锅中。
6. 炖煮至鸡肉软烂后,放入红枣和枸杞继续炖煮15~20分钟。
7. 加入适量的盐和白胡椒粉调味,搅拌均匀即可。

烹饪秘笈

1. 炖鸡汤时要冷水下锅,让鸡肉随着水温的升高慢慢释放营养和鲜味。
2. 小火慢炖可以让鸡肉更加入味,汤也更加浓郁。
3. 盐要最后放,过早放盐会使鸡肉中的蛋白质凝固,影响鸡肉的口感和汤的鲜味。

鱼头汤

鲜嫩的鱼头，在慢火中释放出它的鲜美，融入每一滴汤汁。一家人围坐在餐桌旁，端起那碗鱼头汤，轻轻吹去热气，小心地抿上一口，那鲜美的滋味瞬间在舌尖绽放。

适合人群

一般人群均可食用，尤其适合脑力劳动者、学生，以及中老年人食用。
体质虚弱、营养不良者食用，可补充营养，增强体质。

饮食禁忌

对鱼类过敏的人群应避免食用鱼头，以免引起过敏反应，如皮肤瘙痒、红肿、呕吐、腹泻、呼吸困难等。
鱼头中含有一定量的嘌呤，痛风患者食用后可能会导致尿酸升高，诱发痛风发作或加重病情。

动手煮汤

/ 材料 /

鱼头1个（约500~700克），嫩豆腐1盒，生姜15克，大葱1段，小葱1把，香菜1把，枸杞10粒。

/ 调料 /

料酒2汤匙，盐、白胡椒粉、食用油适量。

/ 步骤 /

1. 鱼头洗净，从中间劈开（不要切断），用厨房纸吸干表面水分。
2. 嫩豆腐切成小块，生姜切片，大葱切段，小葱切成葱花，香菜切碎备用。
3. 锅中倒入适量食用油，油热后放入姜片和葱段煸炒出香味。
4. 放入鱼头，煎至两面金黄，沿锅边淋入料酒去腥。
5. 加入足量的开水（一定要是开水），大火煮开后撇去浮沫，转中火煮15~20分钟，直至汤汁奶白。
6. 放入豆腐块和枸杞，继续煮5~10分钟。
7. 加入适量盐和白胡椒粉调味。
8. 出锅前撒上葱花和香菜即可。

烹饪秘笈

1. 煎鱼头时，要煎至表面金黄，这样煮出的鱼汤才会奶白浓郁。
2. 加水时一定要加开水，并且水量要足，中途尽量不要再加水，以免影响鱼汤的口感和色泽。
3. 大火煮开后要转中火慢炖，这样可以使鱼汤更加醇厚。

烹饪时间 30分钟

难易程度 简单

胡椒猪肚汤

当热气腾腾的汤端上餐桌，胡椒的辛香与猪肚的肉香交织在一起，瞬间弥漫了整个房间。猪肚的软糯，融入了胡椒的刺激，在舌尖上演绎出一场美妙的味觉舞蹈。

适合人群

一般人群均可食用，尤适宜食欲不振、感冒、胃寒、呕吐患者。

饮食禁忌

消化道溃疡、咳嗽咯血、痔疮、咽喉炎症、眼疾患者慎食。
糖尿病、痛风、关节炎、高血压、甲状腺功能亢进、发热患者，以及气郁体质、湿热体质者应少食。

动手煮汤

/ 材料 /

猪肚1个，白胡椒15~20粒，生姜10克，葱10克，面粉50克。

/ 调料 /

料酒15毫升，盐5克，白醋20毫升，白胡椒粉适量。

/ 步骤 /

1. 将猪肚内壁翻出来，加入面粉、白醋，反复揉搓，去除猪肚上的黏液和杂质，然后用清水冲洗干净，重复2~3次，直至猪肚干净无异味。
2. 锅中加适量清水，放入猪肚、生姜、葱、料酒，水开后煮3~5分钟，捞出猪肚，用冷水冲凉，切成细条。
3. 把切好的猪肚条放入砂锅中，加入白胡椒，倒入适量清水，大火烧开后转小火慢炖1.5~2小时，至软烂。
4. 根据个人口味加入适量盐和白胡椒粉调味即可。

烹饪秘笈

1. 清洗猪肚时一定要用面粉和白醋反复揉搓，这样才能彻底去除猪肚的异味。
2. 炖煮猪肚汤时，水要一次性加足，如果中途加水会影响汤的口感和品质。
3. 白胡椒的用量可以根据个人口味调整。

烹饪时间 30分钟

难易程度 简单

烹饪秘笈

1. 海参本身没有什么味道,调味可以稍微重一些,让汤的味道更鲜美。
2. 倒入鸡蛋液的时候要缓慢、均匀地倒入,并且边倒边搅拌,这样才能形成均匀的蛋花。

海参汤

海参在汤中轻轻游动,仿佛是大海的精灵融入了这碗深情。每一口汤,都饱含着细腻与醇厚,那是家人用心熬制的关怀。当汤汁滑过舌尖,滋润着味蕾,暖意也随之在身体里蔓延开来。

适合人群

海参富含多种营养成分,有助于增强体质,提高免疫力,延缓衰老。

能促进伤口愈合,补充身体所需的营养,帮助身体恢复元气。

海参能为孕妇提供丰富的蛋白质、维生素和矿物质等营养,有助于胎儿的发育;妇女产后食用有助于身体的恢复。

海参能增强身体的抵抗力,减少患病的概率,也可改善身体的疲劳状态,增强身体的耐力。

饮食禁忌

海参属于海鲜,过敏体质的人食用可能会引发过敏反应,如皮肤瘙痒、红肿等。

海参属于中等嘌呤食物,痛风患者在急性发作期应避免食用。

海参较为滋补,脾胃虚弱的人食用后可能会出现消化不良、腹胀、腹泻等症状。

传统中医认为,海参不宜与甘草同时服用。感冒发热人的身体消化功能较弱,食用海参可能会加重其胃肠道负担,不利于身体恢复。

动手煮汤

/ 材料 /

海参2~3只,鸡胸肉100克,鸡蛋1个,香菇2~3朵,青菜叶2~3片,葱姜适量。

/ 调料 /

盐、料酒、生抽、香油、淀粉适量。

/ 步骤 /

1. 海参提前泡发好,洗净切成小段;鸡胸肉洗净切成丝,加入盐、料酒、生抽、淀粉腌制15分钟;香菇泡发好切片;青菜叶洗净切丝;葱姜切末;鸡蛋打散备用。

2. 加入适量清水,放入葱姜末煮开。

3. 加入香菇片煮2~3分钟。

4. 放入腌制好的鸡丝,煮至变色。

5. 加入海参段,继续煮3~5分钟。

6. 缓慢倒入打散的鸡蛋液,形成蛋花。

7. 放青菜丝,煮1~2分钟。

8. 加入适量盐、生抽调味,淋入少许香油即可。

第四章
全家滋养煲汤

　　在这忙碌的现代生活中,家人之间的陪伴与关怀显得尤为珍贵。而一锅精心烹制的滋养煲汤,便是在快节奏生活里,为家人传递爱意与温暖的最佳方式。

　　煲汤,不仅仅是将食材放入锅中炖煮那么简单,它更像是一场全家共同参与的仪式。

　　一锅好汤,需要时间的沉淀,更需要用心地烹制。就像我们的生活,需要用爱与耐心去经营。用心为家人煲出一锅滋养汤时,您所传递的不仅仅是美味与营养,更是对家人深深的爱与关怀。

儿童：茁壮成长汤羹

儿童时期是人一生中生长发育最为迅速的阶段，营养的摄入对于儿童的健康成长至关重要。

1. 生长发育的基础：儿童时期是身体组织和器官发育的关键时期，良好的营养摄入是支持身体正常生长发育的基础。

2. 大脑发育：儿童大脑发展迅速，营养成分，特别是 DHA 等 Omega-3 脂肪酸等，对大脑发育具有重要作用。

3. 免疫系统建立：均衡的营养有助于儿童建立和维护一个强大的免疫系统，预防疾病和感染。

4. 学习能力：营养成分对儿童的认知发展和学习能力有直接影响，如铁、锌、维生素 B 群等，对记忆力和注意力有积极作用。

5. 情绪和行为：营养不足或不平衡可能影响儿童的情绪和行为，如缺乏维生素 D 和 B 群，可能导致情绪波动。

6. 骨骼健康：钙和维生素 D 是维持骨骼健康的关键营养素，对儿童骨骼的强度和密度有长远影响。

7. 预防疾病：良好的营养可以降低儿童成年后患慢性疾病的风险，如心血管疾病、糖尿病等。

8. 能量供给：儿童活泼好动，需要足够的能量来支持他们的活动，而均衡的饮食是能量的主要来源。

9. 身体形象和自尊：提供健康的饮食和正面的身体形象教育，可以帮助儿童建立自尊和自信。

10. 应对压力：良好的营养有助于儿童更好地应对生活中的压力和挑战。

11. 视力保护：某些营养素如维生素 A 对儿童视力的保护和发展至关重要。

12. 口腔健康：营养与口腔健康密切相关，缺乏某些营养素可能导致牙齿和牙龈问题。

确保儿童获得充足和均衡的营养，是父母和照护者的责任。这包括提供多样化的食物选择，鼓励儿童尝试新食物，并教育他们健康饮食的重要性。同时，也要注意避免过度加工食品和高糖、高脂肪食品的摄入，以促进儿童健康的全面发展。

菠菜肉丸子汤

菠菜肉丸子汤

在这个平凡的日子里，厨房的灶火上，一锅菠菜肉丸子汤正在慢慢炖煮。鲜嫩的菠菜在锅中轻轻摇曳，仿佛在跳着欢快的舞蹈；手工制作的肉丸子，饱满而紧实，散发着诱人的香气。

适合人群

各个年龄段人群均可食用，尤其适合儿童。

饮食禁忌

患有高血压、糖尿病等疾病的人应注意盐分和糖分的摄入；过敏体质者应注意是否对鸡蛋、淀粉过敏。

动手煮汤

/ 材料 /

肉末300克，菠菜200克，鸡蛋1个，葱花、姜末、淀粉。

/ 调料 /

盐、酱油适量，胡椒粉、鸡精、味精等依个人口味选择。

/ 步骤 /

1. 将猪肉末放入一个大碗中，加入姜末、葱花、鸡蛋、淀粉、盐、胡椒粉和酱油，搅拌均匀，使肉馅充分吸收调料。
2. 用筷子或手将肉馅朝一个方向搅拌，直到肉馅变得有弹性和黏性。
3. 将搅拌好的肉馅搓成大小均匀的丸子。
4. 在锅中加入适量清水，大火烧开后，转小火，轻轻放入肉丸子，煮至丸子浮起，捞出备用。
5. 菠菜洗净，去根，切成适当长度。
6. 锅中留适量煮丸子用的水，加入菠菜，煮至菠菜变软。
7. 根据个人口味，加入适量的盐和鸡精或味精调味。
8. 将煮好的肉丸子重新放入锅中，与菠菜一起煮几分钟，让肉丸子吸收汤汁的味道。
9. 撒上葱花，即可出锅享用。

烹饪秘笈

1. 肉馅中加入淀粉可以帮助丸子更加紧实，不易散开。
2. 搅拌肉馅时，朝一个方向搅拌可以增加肉馅的弹性。
3. 煮肉丸子时，水不要沸腾得太厉害，以免丸子煮散。
4. 菠菜中含有草酸，可以先焯水去除部分草酸，以免影响钙的吸收。
5. 根据个人口味，可以在汤中加入其他调料，如香油、白胡椒粉等。

山药羊肉丸子汤

山药羊肉丸子汤是一道营养丰富、味道鲜美的汤品。鲜嫩的羊肉与软糯的山药相互陪伴,渐渐融合,散发出迷人的香气。

适合人群

羊腿肉富含蛋白质、维生素和矿物质等营养成分,大多数人都可以适量食用,以补充身体所需的营养。

对于身体虚弱、免疫力低下、容易疲劳的人群,羊腿肉具有滋补身体、增强体力和免疫力的作用。

羊腿肉中含有丰富的铁元素,有助于预防和改善缺铁性贫血。

羊肉性温,在寒冷的冬季食用,有暖中补虚、补中益气、开胃健身等功效,是冬季进补的佳品。

饮食禁忌

羊肉性温热,食用后可能会加重上火症状,有发热、牙痛、口舌生疮、咳吐黄痰等上火症状者应少食或不食。

羊肉富含蛋白质和脂肪,过多食用会加重肝脏负担,因此肝病患者应适量食用。

羊腿肉中的脂肪和胆固醇含量较高,高血压、高血脂、糖尿病患者需控制摄入量。

动手煮汤

/ 材料 /

羊腿肉300克,山药80克,葱末、姜粉、香菜末适量。

/ 调料 /

料酒、酱油、盐、胡椒粉适量。

/ 步骤 /

1. 羊肉去筋膜,洗净,剁成馅,加葱末、姜粉、料酒、盐,搅拌均匀成羊肉馅料。
2. 山药去皮,洗净,切片,放入锅中,加适量水,煮10分钟。
3. 把羊肉馅料制成丸子,放入汤锅中,煮至丸子浮起,加酱油、盐、胡椒粉调味。
4. 盛入汤碗,撒上香菜末即成。

烹饪秘笈

1. 选择新鲜的羊肉和山药,以确保汤的口感和营养。
2. 羊肉可以用料酒、姜粉等调料腌制一下,以去除膻味。
3. 制作丸子时,要将馅料搅拌均匀,使丸子口感更好。
4. 煮丸子时,要控制好火候,避免将丸子煮散。

菌菇汤

菌菇汤不仅适合作为家常菜,也是养生食疗佳品。它含有丰富的蛋白质、维生素和矿物质,有助于增强免疫力、改善心血管健康等。

适合人群

儿童,免疫力低下,消化不良,需要增强体力的人等。

饮食禁忌

对菌菇类食物过敏的人应避免食用菌菇汤;大量食用菌菇汤可能会增加胃肠道负担,导致消化不良,产生腹痛、腹泻、恶心等症状;便泄者应慎食菌菇汤;脾胃虚寒之人应避免食用菌菇汤。

动手煮汤

/ 材料 /

各种新鲜菌菇(如香菇、金针菇、杏鲍菇、滑子菇等),清水或高汤。

/ 调料 /

葱、姜、蒜、盐等适量,香油或食用油少许。

/ 步骤 /

1. 将各种菌菇清洗干净,去除杂质,切成适当大小的片或块。
2. 葱切成段,姜和蒜切成片或末。
3. 锅中加入适量的香油或食用油,加热后放入葱姜蒜爆香。
4. 将切好的菌菇放入锅中翻炒,直至菌菇变软并释放出香味。
5. 加入清水或高汤,大火煮沸后转小火慢煮 10~15 分钟,让菌菇的味道充分融入汤中。
6. 根据个人口味,加入适量的盐、鸡精或味精、胡椒粉进行调味。
7. 调整好味道后,撒上葱花,滴入几滴香油,即可出锅享用。

烹饪秘笈

1. 选择菌菇时,应挑选新鲜、无异味、质地紧实的菌菇。
2. 清洗菌菇时要轻柔,以免破坏其纤维结构。
3. 菌菇在烹饪前可以先焯水,去除杂质和可能的残留物。
4. 炒菌菇时,用中火快速翻炒,以锁住菌菇的风味和营养。
5. 菌菇汤可以根据个人口味添加其他配料,如豆腐、鸡肉、蔬菜等。

虾仁冬瓜汤

虾仁冬瓜汤是一道简单易做、营养丰富的家常菜,特别适合夏天食用,因为冬瓜具有清热解暑的功效。晶莹的虾仁与粉嫩的冬瓜在汤中相拥,散发出诱人的鲜香。

适合人群

儿童、孕妇、减肥者、水肿患者,炎热环境下工作的人等。

饮食禁忌

对虾或冬瓜过敏的人不宜食用虾仁冬瓜汤;胃肠功能较差的人,过量食用虾仁可能导致消化不良;虾含有较多的蛋白质和钙,应避免与含有鞣酸的水果,如葡萄、石榴、山楂、柿子等同食,否则可能引起肠胃不适。

选购方法(虾仁)

虾仁选购时要选择新鲜、无斑点,外壳完整且具有弹性的以确保口感。

动手煮汤

/ 材料 /

冬瓜500克,虾仁200克(新鲜或冷冻均可),清水或高汤。

/ 调料 /

葱、姜、盐等适量,料酒、香油或食用油少许。

/ 步骤 /

1. 冬瓜去皮去籽,切成适当大小的块或片;虾仁清洗干净,去掉虾线;姜切片,葱切段。
2. 如果使用冷冻虾仁,需要提前解冻;新鲜虾仁可以用料酒、少许盐和姜片腌制10分钟去腥。
3. 锅中加入适量清水或高汤,放入冬瓜块和部分姜片,大火煮开后转小火煮至冬瓜透明。
4. 冬瓜煮至透明后,加入腌制好的虾仁,煮至虾仁变色熟透。
5. 根据个人口味,加入适量的盐调味,也可以加入少许白胡椒粉提鲜。
6. 最后撒上葱花,滴入几滴香油或食用油增加香气,即可出锅享用。

烹饪秘笈

1. 冬瓜不宜煮得过烂,以免失去口感。
2. 虾仁烹饪时间不宜过长,以免变老变硬。
3. 可以根据个人口味加入其他调料,如鸡精、鱼露等。
4. 为了增加汤品的营养价值,可以加入一些蔬菜,如胡萝卜片、青菜等。

父母：活力源泉汤煲

煲汤，这看似简单的举动，却蕴含着深深的情意。我们精心挑选食材，考虑着父母的口味和身体需求。或许是一锅香浓的熟地排骨汤，鲜嫩的排骨搭配甜味的熟地黄，营养丰富又美味可口；又或许是滋补的灵芝土鸡汤，为辛勤劳累的父母补充元气。

乌鸡汤

汤在老年人的营养吸收方面有几个显著的优势

1. 易于消化吸收

汤通常是经过长时间炖煮，这使得食材中的营养物质更充分地释放出来，也更易于消化吸收。对于消化系统功能减退或者吸收能力较差的老年人来说，这一点尤为重要。

2. 提高营养密度

汤的炖煮过程有助于食材中的营养物质（如蛋白质、胶原蛋白、矿物质等）充分释放，形成高营养密度的汤品。这样老年人可以摄取更多的营养成分。

3. 补充水分和电解质

汤是液体食物，有助于老年人保持身体水分平衡，并补充电解质，这在天气炎热或者老年人自身饮水量不足的情况下特别重要。

4. 增进食欲和消化能力

汤的香味和口感往往能够增进老年人的食欲，同时热汤还有助于促进胃肠道的血液循环，提高消化能力。

总之，汤作为一种营养丰富、易于消化吸收的食物形式，特别适合老年人群体，可提供他们所需的营养支持和更好的饮食体验。

天麻老鸭汤

　　天麻老鸭汤是一道具有一定药膳功效的汤品。灶台上，一锅天麻老鸭汤正咕噜咕噜地冒着泡，香气渐渐弥漫了整个房间。

适合人群

头痛眩晕者、高血压患者、神经衰弱者、老年人、体质虚弱者等。

饮食禁忌

过敏体质者、感冒发热者、阴虚火旺者、低血压患者等不宜食用。

动手煮汤

/ 材料 /

老鸭750克，天麻10克，枸杞一小把。

/ 调料 /

葱、姜片、料酒、盐、清水等适量。

/ 步骤 /

1. 将老鸭切块，冷水下锅，焯水洗去浮沫。
2. 鸭块放入高压锅，加少许白糖、黄酒，再加入水（水要没过鸭块，可适当多一些，因为高压锅排气会蒸发不少水分），大火上汽后中小火煮20分钟，关火后自然冷却。
3. 新鲜天麻刷去泥土洗净，切成厚片。
4. 将天麻片放入高压锅鸭汤中，加适量盐，大火上气四五分钟后关火。
5. 撒上枸杞、葱花或香菜即可。

烹饪秘笈

1. 最好选用水鸭，其滋阴去湿效果较好。
2. 老鸭氽水后要洗净，以保证炖出的汤更清。
3. 根据烹饪方式和食材的量，合理控制火候和炖煮时间，以确保鸭肉酥烂、汤味鲜美。

板栗鸡汤

　　一锅板栗鸡汤在炉灶上咕噜咕噜地冒着泡，热气腾腾，香气四溢。金黄的板栗与鲜嫩的鸡肉相互依偎，如同家人亲密相伴。

适合人群

肾虚或体虚的老人、需要补血益气的人、脾胃虚弱的人、经常感到疲劳的人、存在失眠困扰的人、体质较弱或处于术后恢复期的人等。

饮食禁忌

脾胃虚弱者、咳痰者、糖尿病患者、腹泻者、体质燥热者、感冒发热者等不宜食用；也不要饭前或者过量食用。

动手煮汤

/ 材料 /

鸡半只或1只（根据人数调整）、板栗适量（约200克）。

/ 调料 /

姜片、料酒、盐等适量。

/ 步骤 /

1. 将鸡肉清洗干净，剁成小块；板栗去壳去皮，可以用开水泡一下以方便剥皮。
2. 将鸡块放入沸水中焯水几分钟，去除血水和杂质，捞出后冲洗干净。
3. 在煲汤锅中加入适量清水，放入鸡块和姜片。
4. 待水开后，加入处理好的板栗。
5. 大火烧开后转小火慢炖1~2小时，直到鸡肉熟透，板栗软糯。
6. 根据个人口味加入适量的盐调味。
7. 汤煲好后，撇去表面的油脂，即可盛出享用。

烹饪秘笈

1. 板栗含有丰富的淀粉，炖煮后汤品会更加浓稠，并具有自然的甜味。
2. 选择鸡肉时，土鸡或三黄鸡都是不错的选择，煲出的汤更加鲜美。
3. 焯水可以去除鸡肉的腥味和杂质，使汤更加清澈。
4. 板栗鸡汤适合搭配一些蔬菜，如胡萝卜、玉米等，增加营养和口感。
5. 炖煮时保持小火，有助于食材中营养成分的充分析出。

黄芪鸡汤

在悠悠时光里，有一碗黄芪鸡汤，承载着满满的温情。砂锅里，鸡肉在翻滚的汤汁中变得软烂，黄芪的独特香气慢慢融入其中。

适合人群

脾气虚人群，糖尿病患者，血瘀人群，体质较弱、易生病人群等。

饮食禁忌

阴虚火旺者、湿热内盛者、感冒发热者、孕妇、高血压患者、月经期女性、胃肠功能不佳者、肾脏疾病患者、糖尿病患者、高尿酸血症或痛风患者等应避免食用。

选购方法（黄芪）

好的黄芪应外皮发白，内心发黄，表皮细薄，直径在 1～3.5cm 之间，有黑洞的则不可选。

黄芪本身具有独特的香气和豆腥味，口尝微甜。

动手煮汤

/ 材料 /

鸡肉半只（约 500 克），黄芪 15～30 克，红枣 6～8 粒，枸杞一小把。

/ 调料 /

姜片、料酒、盐等适量。

/ 步骤 /

1. 将鸡肉清洗干净，剁成小块；黄芪、红枣、枸杞清洗干净备用。
2. 将鸡块放入沸水中焯水几分钟，去除血水和杂质，捞出后冲洗干净。
3. 在煲汤锅中加入适量清水，放入鸡块、黄芪、红枣和姜片。
4. 大火烧开后撇去浮沫，转小火慢炖 1～2 小时，直到鸡肉熟透，肉质变软。
5. 在鸡汤快炖好时，加入枸杞继续煮 5～10 分钟。
6. 最后加入适量的盐调味，调整至适合个人口味。
7. 汤煲好后，撇去表面的油脂，即可盛出享用。

烹饪秘笈

1. 最好选用土鸡或者三黄鸡，这样煲出来的汤更加鲜美。
2. 焯水可以去除鸡肉的腥味，使汤更加清澈。
3. 黄芪鸡汤适合在秋冬季节食用，有助于增强身体抵抗力。

熟地排骨汤

一锅熟地排骨汤正在小火上慢慢炖煮着。熟地的醇厚与排骨的鲜香交织在一起,散发出家的味道,每一口汤,都饱含着对家人的关怀。

适合人群

适合大多数人群,特别是有阴虚火旺、血虚萎黄、腰膝酸软等症状的人群。对于体质虚弱、需要增强体力和免疫力的人群,熟地排骨汤可以提供必要的营养。

饮食禁忌

感冒未愈者、肠胃功能不佳者、热性体质者等不宜食用。

动手煮汤

/ 材料 /

排骨500克、熟地黄15~30克(根据个人体质和需求调整)。

/ 调料 /

姜片、料酒、盐等适量。

/ 步骤 /

1. 将排骨清洗干净,剁成小块;熟地黄清洗干净。
2. 将排骨放入沸水中焯水几分钟,去除血水和杂质,捞出后冲洗干净。
3. 在煲汤锅中加入适量清水,放入排骨和熟地黄,加入几片姜帮助去腥。
4. 大火烧开后转小火慢炖1~2小时,直到排骨熟透,肉质变软。
5. 最后加入适量的盐调味,调整至适合个人口味。
6. 汤煲好后,撇去表面的油脂,即可盛出享用。

烹饪秘笈

1. 熟地黄是中药材,具有滋补功效,但不宜过量,应根据个人体质适量食用。
2. 在煲汤过程中,保持小火慢炖,有助于食材中营养成分的充分析出。

第四章 全家滋养煲汤

灵芝土鸡汤

灵芝土鸡汤是一款营养丰富、具有保健功效的滋补汤品。灵芝被誉为"仙草"，具有很高的药用价值，而土鸡则提供了优质的蛋白质和其他营养成分。

适合人群

免疫力低下者、心脏功能不佳者、高血压人群、高血脂人群、肝功能问题者、贫血者、便秘者、呼吸系统疾病患者、肾功能问题者、内分泌失调者、术后人群、痛风患者、需要祛斑者、正在服用中西药物的人群等。

饮食禁忌

过敏体质者，感冒发热者，实证人群，高血压、高血脂患者等不宜食用。

动手煮汤

/ 材料 /

土鸡1只（根据人数调整），灵芝3~5片（约10~15克），红枣6~8粒，枸杞一小把。

/ 调料 /

姜片、料酒、盐等适量。

/ 步骤 /

1. 将土鸡清洗干净，剁成小块；灵芝切片，红枣和枸杞洗净备用。
2. 将鸡块放入沸水中焯水几分钟，去除血水和杂质，捞出后冲洗干净。
3. 在煲汤锅中加入适量清水，放入鸡块、灵芝片和姜片。
4. 大火烧开后撇去浮沫，转小火慢炖1.5~2小时，直到鸡肉熟透。
5. 在鸡汤炖至一半时，加入红枣；在最后30分钟加入枸杞。
6. 加入适量的盐调味，调整至适合个人口味。
7. 汤煲好后，撇去表面的油脂，即可盛出享用。

烹饪秘笈

1. 灵芝具有增强免疫力、抗疲劳、抗衰老等功效，适合多数体质虚弱、免疫力低下的人群。
2. 焯水可以去除鸡肉的腥味，使汤更加清澈。

女性：美容养颜汤

　　随着年龄的增长，女性对于美容养颜的需求也日益增加。红枣桂圆银耳汤，便是一道为美丽加分的佳肴。银耳富含胶质，能让肌肤保持水润光泽；桂圆养心安神，红枣养血益气。将这些食材放入砂锅中，用小火慢慢炖煮，直至银耳变得软糯，每一口汤，都是对肌肤的滋养，让女性从内而外散发出迷人的光彩。

　　怀孕生子，是女性生命中重要的事情。为孕妇煲一碗乌鸡汤，是对新生命的期待与关爱。乌鸡汤含有多种氨基酸、微量元素和维生素，可以为孕妇补充营养，促进胎儿的健康发育。

　　除了这些，还有许多适合女性的汤品，如桃胶雪耳汤等。每一道汤，都蕴含着对女性的关爱与呵护。

　　所以，男士们，不妨为身边的她煲一碗汤，用这种最朴实的方式表达你的爱。女士们，也别忘了在忙碌的生活中，给自己煲一碗汤，好好呵护自己。

　　让我们以汤之名，呵护女性之美，让这份温暖与关爱，在每一个家庭中延续。

红枣桂圆银耳汤

红枣桂圆银耳汤是一道传统的中式甜品,具有滋补养生的功效,不仅味道甘甜,营养丰富,而且具有一定的保健作用,尤其适合在秋冬季节食用。

适合人群

女性、老年人、体质虚弱者、视力疲劳者、失眠者等。

饮食禁忌

女性月经期间、怀孕初期、风寒感冒、脾胃虚弱、血糖偏高、阳盛上火人群,以及糖尿病患者等不宜食用。

动手煮汤

/ 材料 /
银耳适量(需提前泡发),红枣数颗,桂圆干一小把,枸杞一小把(可选)。

/ 调料 /
冰糖适量。

/ 步骤 /
1. 将银耳放入温水中泡发,去掉硬梗,撕成小朵备用。
2. 将红枣和桂圆干清洗干净,红枣剪开去核,桂圆干去壳。
3. 在锅中加入适量的清水,放入泡发好的银耳,大火烧开后转小火慢炖。
4. 当银耳炖至软糯时,加入红枣和桂圆干,继续小火炖煮。
5. 根据个人口味加入适量的冰糖,继续炖至冰糖完全融化。
6. 在汤炖好前5分钟左右加入枸杞。
7. 所有材料炖至软烂,汤汁浓稠即可关火,稍微晾凉后即可食用。

烹饪秘笈

1. 银耳泡发时间不宜过长,以免营养流失。
2. 炖煮时需用小火,以免汤汁过度蒸发。
3. 在炖煮过程中要经常搅拌,防止粘锅。

木瓜牛奶汤

金黄的木瓜与纯白的牛奶相互交融,色泽温润。当汤盛进碗里,热气袅袅升起,轻尝一口,木瓜的软糯和牛奶的丝滑在舌尖缠绕。这碗木瓜牛奶汤,是生活中的"小确幸",是疲惫时的慰藉。

适合人群

女性群体、消化不良者、体质虚弱者等。

饮食禁忌

对木瓜或牛奶过敏、乳糖不耐受等人群应谨慎食用或避免食用。

动手煮汤

/ 材料 /

木瓜半个,牛奶 250 毫升。

/ 调料 /

冰糖少量适量。

/ 步骤 /

1. 准备半个木瓜、250 毫升牛奶、少量冰糖和适量的水。
2. 去除木瓜籽后切成小块;
3. 将木瓜块放入锅中,加入没过木瓜的水和少量冰糖,用中火煮 20 分钟左右,直到木瓜软烂。注意,一定要将木瓜煮熟,否则倒入牛奶后可能会形成豆腐渣状物质,影响口感;
4. 将牛奶倒入锅中,继续煮 1 分钟左右,关火即可。

烹饪秘笈

1. 煮木瓜时先用大火将水烧开,然后转小火慢慢炖煮,这样可以让木瓜的味道充分释放出来。
2. 待木瓜煮至七八成熟时再加入牛奶,因为牛奶长时间高温煮制,会造成营养流失和口感变差。
3. 加入牛奶后要轻轻搅拌,使牛奶和木瓜充分融合。
4. 根据个人口味适量添加冰糖或白砂糖,增添甜味,但不要加太多,以免掩盖木瓜和牛奶本身的味道。

乌鸡汤

乌鸡汤是一道营养丰富、滋补身体的汤品。乌鸡在汤中翻滚,仿佛在跳着温暖的舞蹈。汤汁慢慢变得浓稠,那是时间与爱的沉淀。

适合人群

女性、身体虚弱者、老年人、贫血者、脑力劳动者等。

饮食禁忌

感冒发热者、高血压、高血脂患者、胆囊炎患者、胆结石患者、痛风患者、过敏体质者、内火偏旺者等应避免食用。

动手煮汤

/ 材料 /

乌鸡1只,红枣5颗,枸杞10克。

/ 调料 /

姜片、料酒适量。

/ 步骤 /

1. 乌鸡洗净切块,放入开水中焯水去腥,捞出备用。
2. 红枣去核,枸杞洗净,生姜切片。
3. 将乌鸡块、红枣、枸杞、姜片放入锅中,加入适量清水和料酒。
4. 大火烧开后转小火慢炖1.5~2小时。
5. 最后加入适量盐调味即可。

烹饪秘笈

1. 如果条件允许,使用砂锅炖煮乌鸡汤,有助于保持汤品的原汁原味。
2. 大火烧开后转小火慢炖,保持汤面微沸状态,炖煮时间一般为2~3小时。
3. 枸杞、红枣等不宜过早放入,一般在乌鸡炖煮1小时后加入。
4. 炖煮快完成时再加盐和其他调味品,以免影响汤品的营养成分和口感。
5. 炖煮过程中产生的油脂可以用勺子撇除,使汤品更清爽。
6. 乌鸡汤炖好后,尽量保留原汤,避免加水,以保证汤品的浓郁口感。
7. 乌鸡汤本身味道鲜美,不宜过度调味,以免掩盖乌鸡的原味。

烹饪时间 120~180 分钟

难易程度 简单

红豆薏仁汤

红豆薏仁汤是一款传统的中式汤品，广受欢迎，因为它不仅味道鲜美，具有多种健康益处，而且简单易做，营养丰富，是适合全家老少的健康饮品。

适合人群

女性、需要补血、减肥者、脾胃虚弱者、水肿体质、湿气重体质、热性体质者，有皮肤问题者，老年人，病后恢复者，等。

饮食禁忌

寒凉体质者、孕妇、肾脏疾病患者、糖尿病患者应谨慎食用或避免食用。

动手煮汤

/ 材料 /

薏米 50 克，红豆 50 克。

/ 调料 /

冰糖或蜂蜜。

/ 步骤 /

1. 红豆和薏仁需提前浸泡几小时，最好一夜，以便更容易煮烂。
2. 将浸泡好的红豆和薏仁清洗干净。
3. 将红豆和薏仁放入锅中，加入适量的清水，大火煮沸后转小火慢煮。
4. 煮至红豆和薏仁都变得软烂，汤色变深。
5. 根据个人口味，加入适量的冰糖或蜂蜜调味。
6. 煮好的红豆薏仁汤可以热饮也可以冷藏后食用。

烹饪秘笈

1. 红豆和薏仁在煮之前需要充分浸泡，以缩短烹饪时间。
2. 煮制过程中，水的量可以根据自己的喜好适量增减，以达到理想的浓度。
3. 煮制过程中可适时搅拌，防止粘锅。
4. 红豆薏仁汤适合多数人群，但寒凉体质的人应适量食用，因为红豆和薏仁都属于凉性食材。
5. 糖尿病患者在食用时应注意糖的添加量，或选择无糖版本。

烹饪时间
90~150
分钟

难易程度
简单

桃胶雪耳汤

桃胶雪耳汤，又称银耳桃胶羹，是一款以桃胶和银耳为主要食材，适合多数人群的养生甜品，尤其适合女性和干燥季节食用。

适合人群

需要补充营养的人群、追求美容养颜效果的人群、希望润肠通便的人群，糖尿病患者，一般成人等。

饮食禁忌

孕妇、消化不良人群、婴幼儿等避免食用。

动手煮汤

/ 材料 /
桃胶10克，银耳15克。
/ 调料 /
冰糖适量。
/ 步骤 /
1. 桃胶和银耳需提前用冷水泡发，时间4小时以上。
2. 清洗食材：泡发后，去除桃胶和银耳中的杂质，银耳撕成小朵。
3. 炖煮：将桃胶和银耳放入炖锅中，加入适量清水，大火煮沸后转小火慢炖。
4. 煮至软烂：炖至桃胶和银耳呈黏稠状，时间1~2小时。
5. 调味：根据个人口味，加入适量的冰糖进行调味。
6. 完成：调整到合适的口味后，即可关火，稍微晾凉后食用。

烹饪秘笈

1. 桃胶和银耳泡发的时间要足够久，以便更好地炖煮和释放营养。
2. 炖煮过程中，注意水量，避免干锅。
3. 糖尿病患者在食用时应注意糖的添加量，或选择无糖版本。

男性：精神焕发汤

牛鞭枸杞狮子头

　　现代社会的快节奏生活和不良的饮食习惯，使得许多人出现了各种健康问题。可以根据自己的身体状况和营养需求，选择合适的食材煲汤，达到调理身体、预防疾病的目的。

　　煲一锅杜仲猪腰汤，有助于经常熬夜的男性补脑益智、缓解头痛；熬制一道护肝的葛根猪骨汤，能够起到保护肝脏的效果，适合应酬多、饮酒频繁的男性。

　　汤提供了丰富的营养，如蛋白质、维生素和矿物质，能增强免疫力和促进身体恢复。它还帮助身体保持水分平衡，有助于消化，减少肠胃负担。同时，汤（如骨汤）中的胶质有助于关节健康。

牛鞭汤

牛鞭汤是一款以牛鞭（公牛生殖器）为主要食材的滋补汤品，传统上认为具有补肾壮阳、益精填髓的功效，但并非适合所有人群，食用时应根据个人体质和健康状况适量调整。

适合人群

肾阳亏虚者、身体虚弱者、中老年男性。

饮食禁忌

儿童和青少年，孕妇和哺乳期妇女，阴虚火旺者，患有高血压、高血脂、心脏病等慢性疾病的人群需要谨慎食用或在医生指导下食用。

动手煮汤

/ 材料 /
黄牛鞭100克，母鸡1只，枸杞一小把。

/ 调料 /
姜片、料酒、盐等适量。

/ 步骤 /

1. 牛鞭需彻底清洗，以去除表面杂质和异味。
2. 将牛鞭切块，用料酒和姜片腌制去腥。
3. 将切好牛鞭放入沸水中焯水，去除血水和腥味。
4. 炖煮：将处理好的牛鞭和鸡肉一同放入炖锅中，加入适量清水。
5. 加入枸杞、红枣、姜片等配料，大火煮沸后转小火慢炖。
6. 炖煮2~3小时，直至牛鞭熟透，加入盐调味。
7. 炖好的牛鞭汤撇去油脂，即可出锅享用。

烹饪秘笈

1. 在炖煮的过程中，可以根据个人口味加入适量的调料，如盐、胡椒粉、葱姜蒜等。调味要适量，以免影响汤的原味。
2. 牛鞭可以搭配一些其他的食材，如鸡肉、枸杞、红枣等，以增加汤的营养价值和口感。
3. 在炖煮牛鞭汤时，要注意火候，避免火候过大或过小影响口感。

泥鳅汤

鲜嫩的泥鳅肉，搭配精心挑选的食材，熬出了这锅浓郁鲜香的汤。泥鳅汤是一款营养丰富、味道鲜美的传统汤品，具有很好的滋补功效，适合多数人群食用。

适合人群

身体虚弱者、脾胃虚寒者、营养不良者、心血管疾病患者、癌症患者等。注意适量食用，避免因过量摄入而引起消化不良。

饮食禁忌

阴虚火盛者、饮茶者等避免食用。

动手煮汤

/ 材料 /
泥鳅 10 条、姜片、葱段。

/ 调料 /
料酒、盐、胡椒粉等适量。

/ 步骤 /
1. 将泥鳅放入清水中，加入适量的盐和醋，浸泡一段时间，让泥鳅吐净泥沙。
2. 将泥鳅杀死后，去除内脏和头尾，清洗干净。
3. 将泥鳅放入沸水中焯水，去除腥味和杂质，捞出后清洗干净。
4. 将泥鳅、姜片、葱段放入炖锅中，加入适量的清水，大火煮沸后转小火慢炖。
5. 根据个人口味加入适量的盐和胡椒粉调味，继续炖煮至泥鳅熟透。
6. 炖好的泥鳅汤撇去油脂，撒上葱花即可出锅享用。

> **烹饪秘笈**
>
> 1. 泥鳅体内可能有泥沙，需要彻底清洗干净，避免影响口感。
> 2. 焯水可以去除泥鳅的腥味，使汤更加鲜美。
> 3. 炖煮时先用大火煮沸，然后转小火慢炖，以确保泥鳅的营养充分析出。
> 4. 根据个人口味调整盐和胡椒粉的用量，避免过咸或过淡。

海马鸡汤

海马鸡汤是一款传统的中药食疗汤品，海马具有补肾壮阳、舒筋活络的功效，而鸡肉则能温中益气、补精添髓，适合日常食疗。

适合人群

肾阳不足者，身体虚弱者，老年人，工作劳累、压力大导致身体疲惫者。

饮食禁忌

孕妇、儿童、阴虚火旺者，高血压、高血脂等慢性疾病患者等需谨慎食用或在医生指导下食用。

动手煮汤

/ 材料 /

海马 2～3 对，鸡肉 500 克。

/ 调料 /

姜片、料酒、盐等适量。

/ 步骤 /

1. 将海马用温水稍作清洗，去除杂质。
2. 将鸡肉清洗干净，切块，用料酒和姜片腌制去腥。
3. 将鸡肉放入沸水中焯水，去除血水和腥味。
4. 将处理好的鸡肉和海马一同放入炖锅中，加入适量清水。
5. 大火煮沸后转小火慢炖 1～2 小时，直至鸡肉熟透，海马的营养成分充分释放。
6. 根据个人口味加入适量的盐调味。
7. 炖好的海马鸡汤撇去油脂，即可出锅享用。

烹饪秘笈

1. 炖煮的时间不宜过长也不宜过短，一般以 1～2 小时为宜，过长可能会导致营养流失，过短则可能味道不够浓郁。
2. 在炖煮过程中，可以根据个人口味适量加入盐等调味料，但要注意不要加入过多的调味料，以免影响汤的原味。
3. 先用大火将汤煮沸，然后转小火慢炖，这样可以让食材的营养充分释放出来。
4. 可以根据个人需求和喜好加入一些配料，如红枣、枸杞、高丽参等，增加汤的营养和口感。
5. 炖煮鸡汤时，最好选择砂锅或瓦煲等容器，这样可以更好地保持汤的味道和营养。

杜仲猪腰汤

杜仲猪腰汤是一款传统的中药食疗汤品,不仅味道鲜美,而且具有一定的保健作用。

适合人群

肝肾功能不足人群、中老年人、体质虚弱者、熬夜后腰酸背痛者等。

饮食禁忌

热症人群、外感热病或实热内炽证者、遗尿症患者和低血压患者等避免食用,高血脂患者应适量食用。

动手煮汤

/ 材料 /

猪腰1对,杜仲30克。

/ 调料 /

生姜、葱段、盐、料酒适量。

/ 步骤 /

1. 将猪腰洗净,去除内部的白色筋膜,切成片或打上花刀。
2. 猪腰片用料酒、姜片腌制去腥后,放入沸水中焯水,去除血水和腥味。
3. 将处理好的猪腰和杜仲一同放入炖锅中,加入适量生姜、葱段、料酒、清水。
4. 大火煮沸后转小火慢炖1~2小时,直至猪腰熟透,杜仲成分充分释放。
5. 根据个人口味加入适量的盐调味。
6. 炖好的杜仲猪腰汤撇去油脂,即可出锅享用。

烹饪秘笈

1. 猪腰的筋膜必须去除干净,以免影响口感和汤的清澈度。
2. 使用砂锅炖煮,有助于保持汤品的原汁原味。
3. 加入适量的黄酒和醋,可以消除猪腰的腥味。

鹿茸瘦肉汤

鹿茸瘦肉汤是一道传统的滋补汤品。鲜嫩的瘦肉与珍贵的鹿茸在汤中相遇，慢慢炖煮出的是一份深情与关怀。当这碗汤端上桌，那温暖的气息扑面而来，轻轻舀起一勺，送入口中，汤的鲜美与醇厚瞬间盈满口腔。

适合人群

肾阳不足者，中老年人，久病体虚者，工作劳累、压力大的人群。

饮食禁忌

儿童和青少年，孕妇及哺乳期妇女，阴虚火旺者，高血压、糖尿病等慢性疾病患者等需谨慎食用或在医生指导下食用。

动手煮汤

/ 材料 /
鹿茸5～8克，瘦肉200克。
/ 调料 /
姜片、料酒、盐等适量。
/ 步骤 /
1. 将瘦肉清洗干净，切块，用料酒和姜片腌制去腥。
2. 将鹿茸片用温水稍作清洗，去除杂质。
3. 将瘦肉放入沸水中焯水，去除血水和腥味。
4. 将处理好的瘦肉和鹿茸一同放入炖锅中，加入适量清水。
5. 加入姜片，大火煮沸后转小火慢炖。
6. 炖煮1～2小时，直至瘦肉熟透，鹿茸成分充分释放，加入盐调味。
7. 炖好的鹿茸瘦肉汤撇去油脂，即可出锅享用。

烹饪秘笈

1. 在炖煮过程中，可以根据个人口味适量加入盐、料酒等调味料。
2. 注意不要过早加入盐，以免影响肉质和营养的释放。
3. 可以根据个人喜好加入其他食材，如红枣、枸杞、姜片等，增加汤的营养和口感。
4. 鹿茸瘦肉汤可以作为正餐中的一道汤品，也可以作为滋补饮品。建议在温热的状态下食用，效果更佳。
5. 如果瘦肉有腥味，可以在炖煮前将其用开水烫一下，或者加入一些姜片和料酒去腥。

孕产妇：滋补汤煲

孕产妇处于特殊时期，饮食的精心安排至关重要。滋补煲汤，作为一种传统而又充满温情的饮食方式，承载着对孕产妇的关爱与呵护。那么，它究竟有着怎样的作用和意义呢？让我们一起来深入探讨。

孕产妇的身体对营养的需求较普通人大幅增加。而滋补汤品中的食材通常富含优质蛋白质、维生素、矿物质等多种营养成分，例如，花生猪蹄汤中的猪蹄富含胶原蛋白，有助于增强皮肤弹性，减少妊娠纹的产生；花生则富含蛋白质和不饱和脂肪酸，为身体提供能量，因此非常适合孕产妇食用。

产后，产妇的身体经历了巨大的变化，需要时间来恢复。滋补汤品在这个过程中发挥着重要作用。

鸡汤是常见的滋补汤品，它富含氨基酸和多种营养物质，能够提高产妇的免疫力，帮助身体抵御疾病，促进伤口愈合。

而对于产后气血不足的产妇，红枣桂圆汤则是不错的选择。红枣和桂圆都具有补气血的功效，能让产妇更快地恢复元气，同时缓解产后疲劳。

莲子猪肚汤

莲子猪肚汤是一款兼具美味与营养的汤品，尤其适合需要滋补身体的人群，具有健脾益胃、补虚益气的功效。猪肚的醇香与莲子的清香完美融合，每一滴汤汁都饱含着深情。

适合人群

孕产妇、身体虚弱者、肠胃功能不佳者、中老年人、儿童。

饮食禁忌

高血脂患者、高血压患者、痛风患者、肥胖人群应适量食用；感冒发热期间、急性肠胃炎期间不可食用。

动手煮汤

/ 材料 /

猪肚1个，莲子50克，生姜3片，葱2根。

/ 调料 /

料酒、盐、胡椒粉等适量。

/ 步骤 /

1. 将猪肚表面的油脂和杂质去除干净。
2. 在猪肚内加入适量的盐和醋，反复揉搓，以去除猪肚的异味。
3. 用清水冲洗干净后，再将猪肚放入开水中焯水3分钟，捞出沥干水分。
4. 将莲子洗净，用清水浸泡30分钟。
5. 把处理好的猪肚切成小块，放入锅中。
6. 加入莲子、生姜片、葱结和适量的料酒。
7. 倒入足够的清水，大火烧开后转小火炖煮1.5~2小时，直到猪肚软烂。
8. 加入适量的盐和胡椒粉调味。

烹饪秘笈

1. 猪肚的清洗一定要彻底，否则会影响汤的口感和味道。
2. 炖煮的时间要足够，以确保猪肚熟透且口感好。
3. 在炖煮的过程中，会产生一些浮沫，需要及时去除，以保证汤的清澈和口感。

山药乌鸡汤

乌鸡富含蛋白质、维生素和多种矿物质，具有滋阴清热、补肝益肾、健脾止泻等功效。山药则健脾益胃、滋肾益精。

适合人群

体质虚弱、气血不足、脾胃虚弱、肾亏遗精、白带多、缺铁性贫血、营养不良、血虚萎黄等症状的人，婴幼儿及生长发育期青少年。

饮食禁忌

感冒发热、咳嗽多痰、湿热内蕴、有急性菌痢肠炎者，痛风患者，体胖或严重皮肤疾病患者等人群不宜食用。

动手煮汤

/ 材料 /

乌鸡1只，山药1根，红枣5颗，枸杞一小把。

/ 调料 /

姜片、葱段、料酒、盐等适量。

烹饪秘笈

1. 乌鸡和山药需要较长时间炖煮才能充分释放营养和味道，使用砂锅或炖锅慢炖效果更佳。
2. 在汤快炖好时再加盐和其他调味品，以免影响汤的营养成分和口感。
3. 乌鸡汤本身味道鲜美，不宜过度调味，以免掩盖食材的原味。
4. 炖煮过程中产生的油脂可以用勺子撇除，使汤品更清爽。
5. 由于山药易熟，可以在乌鸡炖至半熟后再加入山药，避免山药炖得过烂。
6. 乌鸡汤炖好后，最好保温食用，以保持其最佳风味和营养。

/ 步骤 /

1. 乌鸡洗净，剁成大块，冷水下锅，加入姜片、葱段、料酒，焯水去腥，捞出洗净。
2. 山药去皮，切成滚刀块，放入清水中浸泡，防止氧化变色。
3. 把乌鸡、山药、红枣、枸杞放入砂锅中，加入适量清水。
4. 大火烧开后，转小火慢炖1.5~2小时，至鸡肉熟烂、山药软糯。
5. 加入适量盐调味即可。

香菇鸡汤

香菇鸡汤是一道营养丰富、味道鲜美的传统汤品,具有很好的滋补功效。鲜嫩的鸡肉与香菇相互依偎,在锅中慢慢炖煮出醇厚的美味。那金黄的汤汁,是爱的凝聚,盛上一碗,轻嗅那扑鼻的香气,仿佛回到了妈妈的怀抱。

适合人群

体质虚弱者、免疫力低下者、脾胃虚弱者、气血不足者、肾虚者、产后妇女、老年人、病后恢复者。

饮食禁忌

感冒发热者、痛风患者避免食用。

动手煮汤

/ 材料 /

鸡1只,干香菇4朵,姜片。

/ 调料 /

料酒、盐等适量。

/ 步骤 /

1. 将干香菇用温水泡发后清洗干净,去除根部。
2. 将鸡肉清洗干净,切块,用料酒和姜片腌制去腥。
3. 将鸡肉放入沸水中焯水,去除血水和腥味。
4. 将处理好的鸡肉和香菇一同放入炖锅中,加入适量清水。
5. 放入姜片,大火煮沸后转小火慢炖。
6. 炖煮1~2小时,直至鸡肉熟透,香菇味道充分释放,加入盐调味。
7. 炖好的香菇鸡汤撇去油脂,即可出锅享用。

烹饪秘笈

1. 如果使用干香菇,泡香菇的水可以一起倒进汤中煮,增加香味。
2. 土鸡或乌鸡的味道更为鲜美,适合炖汤。
3. 大火煮开后转小火慢炖,保持汤面微沸状态,有助于食材更好地释放营养。
4. 在汤快炖好时再加盐调味,以免影响汤的口感。
5. 炖煮过程中产生的油脂可以用勺子撇除,使汤品更清爽。
6. 炖煮时间可以根据个人口味偏好进行调整,如果喜欢鸡肉更烂一些,可以适当延长炖煮时间。
7. 使用砂锅或陶瓷炖锅炖煮,有助于保持汤品的原汁原味。

花生猪蹄汤

猪蹄经过炖煮变得软糯，花生粒粒饱满，融入汤中。盛上一碗，热气扑面而来，带着家的温暖。轻抿一口，猪蹄的肉香、花生的醇香与汤汁的鲜香交织在一起，那美妙的滋味瞬间在舌尖上绽放。

适合人群

一般人群均可食用，尤其适合青少年、老年人和身体虚弱者，有助于补充营养、增强体质。

猪蹄富含胶原蛋白和多种营养成分，产妇食用有助于促进乳汁分泌和身体恢复。

猪蹄中的胶原蛋白对皮肤有滋养作用，可改善皮肤状态，增加皮肤弹性和光泽。

饮食禁忌

由于猪蹄中的胆固醇含量较高，患有动脉硬化、高血脂、高血压等心脑血管疾病的人应适量食用，以免加重病情。

猪蹄脂肪含量较高，不易消化，胃肠消化功能较弱者过量食用可能会引起消化不良、腹胀、腹泻等症状。

动手煮汤

/ 材料 /
猪蹄1个，莲子50克，生姜3片，葱2根。

/ 调料 /
料酒、盐、胡椒粉等适量。

/ 步骤 /
1. 将猪蹄表面的油脂和杂质去除干净。
2. 用清水冲洗干净后，再将猪蹄放入开水中焯水3分钟，捞出沥干水分。
4. 将花生洗净，用清水浸泡30分钟。
5. 把处理好的猪蹄，放入锅中。
6. 加入花生、生姜片、葱结和适量的料酒。
7. 倒入足够的清水，大火烧开后转小火炖煮1.5~2小时，直到猪蹄软烂。
8. 加入适量的盐和胡椒粉调味。

> **烹饪秘笈**
> 1. 猪蹄的清洗一定要彻底，否则会影响汤的口感和味道。
> 2. 炖煮的时间要足够，以确保猪蹄熟透且口感好。
> 3. 在炖煮的过程中，会产生一些浮沫，需要及时去除，以保证汤的清澈和口感。

鲫鱼汤

鲫鱼汤富含优质蛋白质、矿物质和维生素,无论是孕妇补充营养,还是病人调养身体,或是日常的滋补,都是绝佳的选择。

适合人群

孕妇和产妇、儿童和青少年、老年人、身体虚弱和病后康复者、脑力劳动者、爱美人士等。

饮食禁忌

痛风患者、肝肾功能不全者、高血脂患者等应适量食用。过敏体质者、服用某些药物者不可食用。

动手煮汤

/ 材料 /

鲫鱼1条,白萝卜1根,姜1块,葱若干,猪油。

/ 调料 /

料酒、盐、胡椒粉等适量。

/ 步骤 /

1. 将鲫鱼的腮、腹部黑膜和贴骨血去除干净,用厨房用纸擦干鲫鱼表面的水分,然后用刀在鲫鱼两面刮一刮,去除表皮的黑色粘液;用剪刀剪掉鲫鱼的鱼鳍;在鲫鱼两面改一字刀,注意不要切到肚皮。
2. 姜拍一下,白萝卜切成丝备用。
3. 起锅烧热后放油润锅,倒出热油后加入猪油,烧至猪油融化并烧热,放入鲫鱼,煎至两面微黄,放入姜。
4. 往锅中加入开水,放入料酒,大火催汤,不要小火慢炖。
5. 把萝卜丝放入锅中,煮5分钟后开始调味,放入盐和胡椒粉,拣出葱结。
6. 关火出锅。

烹饪秘笈

1. 鲫鱼的腥味较重,需要去除腮、腹部黑膜和贴骨血,以及表皮的黑色黏液,以减少腥味。
2. 煎的时候要掌握好火候,要等锅热后再放油,不能把鱼煎糊,两面金黄就恰到好处。
3. 加水的时候一定要加开水,这样才能迅速激发出鱼肉中的蛋白质,让汤变得浓白。
4. 调味时,可以根据个人口味加入适量的盐和胡椒粉。

丝瓜蛋花汤

丝瓜蛋花汤是一道家常汤品，味道鲜美，营养丰富。鲜嫩的丝瓜与金黄的蛋花相互映衬，在清澈的汤水中舞动。盛上一碗，那淡淡的清香扑鼻而来，瞬间勾起了心底的温暖。

适合人群

一般人群皆宜。

饮食禁忌

对蛋白质过敏的人应避免食用鸡蛋，以免引起过敏反应，如皮肤瘙痒、红肿、呕吐、腹泻等。

鸡蛋中的胆固醇和脂肪需要胆汁来消化，胆囊炎和胆结石患者食用鸡蛋可能会加重胆囊负担，引起疼痛或加重病情。

动手煮汤

/ 材料 /

丝瓜半根，鸡蛋3个，葱、姜适量。

/ 调料 /

盐、鸡精、植物油、香油（可选）等适量。

/ 步骤 /

1. 将丝瓜洗净、去皮，切成小块或片状备用。
2. 把鸡蛋打入碗中，搅拌均匀成蛋液。
3. 葱切成葱花，姜切成丝或末。
4. 锅中倒入适量植物油，油热后放入葱姜爆香。
5. 加入丝瓜翻炒几下，使其均匀裹上油。
6. 倒入适量清水，大火烧开后转中小火煮几分钟，直至丝瓜变软。
7. 保持锅中汤汁沸腾，将蛋液缓慢倒入锅中，同时用筷子或勺子轻轻搅拌，形成蛋花。
8. 加入适量盐和鸡精调味，搅拌均匀，如需增加香味，可滴入几滴香油。
9. 出锅前撒上葱花即可。

烹饪秘笈

1. 挑选新鲜的丝瓜,其口感和味道更好。
2. 丝瓜去皮后容易氧化变色,若不立即使用,可将切好的丝瓜泡在淡盐水中防止氧化。
3. 搅拌蛋液时可加入少许清水或牛奶,能使蛋花更嫩滑。
4. 倒入蛋液时要缓慢,并保持搅拌,这样蛋花会更均匀细腻。
5. 煮汤的时间不宜过长,以免丝瓜过于软烂,影响口感。

第五章
调理滋补养生汤

在中国传统文化中,养生之道源远流长。《黄帝内经》有云:"不治已病治未病。"强调了预防疾病、调养身体的重要性。而调理滋补养生汤,正是这一理念的生动体现。它宛如一位无声的医者,用温和而持久的力量,修复着我们身体的疲惫与损伤。

"夫物芸芸,各复归其根。归根曰静,静曰复命。"在这喧嚣的世界中,养生汤让我们回归生命的根本,找到内心的宁静。它教会我们珍惜当下,品味生活中的点滴美好。

清热解毒

　　清热解毒，从中医的角度来说，指的是清除体内的热毒，缓解因热毒引起的发热、口干口苦、咽喉肿痛、口舌生疮、便秘等症状。

　　常见的清热解毒的养生汤品食材有很多。比如金银花，其性甘寒，能疏散风热、清热解毒；绿豆，有清凉解毒、利尿明目之效；还有蒲公英，可清热解毒、消肿散结；冬瓜也是不错的选择，能清热利水、消肿解毒。

　　在制作和食用清热解毒的养生汤品时，有一些注意事项。首先，要根据个人体质和身体状况来选择食材和汤品。比如，脾胃虚寒的人不宜过量食用寒性的清热解毒食材。其次，汤品的制作要适量，避免一次制作过多导致浪费或反复加热影响营养和口感。最后，饮用这类汤品时要注意时间和频率，不可过度依赖，也不能在身体不适时单纯依靠汤品来治疗，应及时寻求医生的帮助。

绿豆薏仁汤

绿豆薏仁汤是一道兼具美味与营养的汤品，具有清热利湿、健脾消暑等功效。这道绿豆薏仁汤适合在夏季食用，能够消暑解渴，也适合体内湿气较重的人群。

适合人群

湿气较重者、皮肤问题人群、便秘人群、肥胖人群。

饮食禁忌

孕妇、经期女性、脾胃虚寒者、尿频者、低血压、低血糖患者不可食用。

动手煮汤

/ 材料 /
绿豆250克，薏仁100克。

/ 调料 /
冰糖适量。

/ 步骤 /

1. 将绿豆和薏仁洗净，提前浸泡数小时，这样可以缩短煮制的时间。
2. 把浸泡好的绿豆和薏仁放入锅中，加入适量的清水。
3. 先用大火煮开，然后转小火慢慢炖煮，直至绿豆和薏仁熟透。
4. 根据个人口味加入适量的冰糖，搅拌均匀，让冰糖完全融化。
5. 继续煮几分钟，使汤的味道更加浓郁，即可关火。

> **烹饪秘笈**
> 1. 绿豆和薏仁的比例可以根据个人喜好进行调整。
> 2. 煮制过程中要适时搅拌，防止粘锅。
> 3. 冰糖的用量可根据个人对甜度的接受程度来决定。

绿豆冬瓜海带汤

绿豆冬瓜海带汤是一道清爽可口、营养丰富的汤品,具有清热消暑、利尿消肿等功效。每一口都饱含着家的温暖,给我们带来清凉与舒适,成为夏日时光里最美的记忆。

适合人群

炎热夏季需要消暑解渴的人群,体内有湿热的人群,高血压、高血脂患者,肥胖人群,经常便秘的人群。

饮食禁忌

脾胃虚寒者、孕妇、尿频者,正在服用中药的人群不宜食用。

动手煮汤

/ 材料 /

去皮绿豆1量杯,海带50克(干),冬瓜500克,姜30克。

/ 调料 /

冰糖、香油等适量。

/ 步骤 /

1. 绿豆提前浸泡2~3小时,使其更容易煮烂。
2. 冬瓜去皮去瓤,洗净后切成小块。
3. 海带泡发后洗净,切成小段。
4. 锅中加入适量清水,放入绿豆和姜片,大火煮开后转小火煮约20分钟。
5. 加入冬瓜块、海带段、冰糖,继续煮15~20分钟,直到绿豆开花、冬瓜变软。
6. 加入适量盐调味,滴几滴香油即可出锅。

> **烹饪秘笈**
> 1. 绿豆的浸泡时间要足够,否则不易煮烂。
> 2. 冬瓜和海带的烹饪时间不宜过长,以免影响口感和营养。
> 3. 可根据个人口味适当调整盐的用量。

鱼腥草冬瓜瘦肉汤

鱼腥草冬瓜瘦肉汤不仅味道鲜美,而且具有一定的清热解毒、利尿消肿等功效,适合多数人群食用。

适合人群

需要清热解毒的人群、水肿体质人群、高血压患者、糖尿病患者、减肥人群、免疫力低下者、消化不良者、皮肤问题人群。

饮食禁忌

体质虚寒者、脾胃虚弱者适量食用,孕妇、过敏体质者避免食用。

动手煮汤

/ 材料 /
鱼腥草 30 克,冬瓜 200 克,瘦肉 150 克。

/ 调料 /
姜片、盐适量。

/ 步骤 /
1. 瘦肉用料酒和姜片腌制 10~15 分钟,去腥。
2. 将腌制好的瘦肉放入沸水中焯水,去除血水和腥味,捞出后清洗干净。
3. 将处理好的瘦肉、鱼腥草和冬瓜一同放入炖锅中,加入适量清水。
4. 放入姜片,大火煮沸后转小火慢炖。
5. 炖煮 1 小时左右,直至冬瓜透明,瘦肉熟透,加入适量的盐调味。
6. 调味后继续炖煮 5~10 分钟,让汤更加入味,即可出锅享用。

鱼腥草

烹饪秘笈

1. 鱼腥草有较强的腥味,需要彻底清洗干净,可以用开水焯一下以减少腥味。
2. 择新鲜的瘦肉,最好是里脊肉或后腿肉,这些部位的肉质较为鲜嫩。
3. 瘦肉在烹饪前应先焯水去血水,以减少腥味。
4. 大火煮沸后转小火慢炖,保持汤面微沸状态,有助于食材更好地释放营养。
5. 在汤快炖好时再加盐调味,以免影响汤的口感。

润肺化燥

小吊梨汤

润肺化燥,简单来说就是滋养肺部、化解干燥。在中医理论中,当外界环境干燥或人体内部津液不足时,肺部容易受到影响,出现干咳、咽干、鼻燥等症状,润肺化燥就是通过各种方法来缓解这些不适。

常见的润肺化燥的养生汤品食材有雪梨,其味甘性寒,能生津润燥、清热化痰;百合,具有润肺止咳、清心安神的作用;还有银耳,富含胶质,能滋阴润肺、养胃生津;另外,玉竹也是润肺的佳品,可养阴润燥、生津止渴。

在食用润肺化燥的养生汤品时,需要注意以下几点。首先,要了解自身的体质,如痰湿体质者应适量食用,以免加重痰湿。其次,汤品的搭配要合理,避免食材之间相互冲突。再者,炖煮过程中要注意火候和时间,以充分发挥食材的功效。最后,虽然这类汤品有一定的保健作用,但不能替代药物治疗,如果症状严重,应及时就医。

银耳百合汤

晶莹的银耳，宛如盛开的花朵，洁白的百合，散发着淡雅的香气。银耳百合汤是一道传统的中式甜品汤，以其清甜的口感和滋补的功效而受到人们的喜爱。

适合人群

一般人群、孕妇、上班族、老年人。

饮食禁忌

胃酸过多或夜尿多的人群、老年人、脾胃虚弱者等适量食用；风寒咳嗽及湿痰患者、大便溏泄者、出血性疾病患者等避免食用。

选购方法

新鲜百合应挑选个大、瓣匀、肉质厚、色白或呈淡黄色，底部凹处泥土少的。

干百合以干燥、无杂质、肉厚者、晶莹透明者为佳。

一等的干百合呈长椭圆形，表面类白色、淡棕黄色，有数条纵直平行的白色维管束，闻起来无二氧化硫刺鼻味道。

动手煮汤

/ 材料

银耳一朵，干百合或鲜百合2个，红枣5颗，枸杞一小把。

/ 调料

冰糖适量。

/ 步骤

1. 将银耳用冷水泡发，时间2~3小时，直到银耳完全变软。
2. 将泡发好的银耳清洗干净，去除硬梗，撕成小朵；百合清洗干净。
3. 将银耳和百合放入锅中，加入适量的清水，大火煮沸后转小火慢炖。
4. 炖至银耳和百合都变得软烂，汤色变深。
5. 根据个人口味，加入适量的冰糖或蜂蜜进行调味。
6. 调整到合适的口味后，即可关火，稍微晾凉后食用。

烹饪秘笈

1. 银耳泡发时间要足够，以便更好地炖煮和释放营养。
2. 炖煮过程中，注意水量，避免干锅。
3. 银耳百合汤适合温热时食用，也可根据个人喜好冷藏后作为冷饮。
4. 糖尿病患者在食用时应注意糖的添加量，或选择无糖版本。

山楂雪梨百合汤

雪梨山楂百合汤是一道具有润肺、清热、消食功效的传统药膳汤品,味道甘甜,营养丰富,而且具有一定的保健作用,适合多数人群食用。

适合人群

阴虚火旺者、老年人、肺燥咳嗽者、神经衰弱者、食欲不振者等。

饮食禁忌

脾胃虚弱者、糖尿病患者、风寒咳嗽者等避免食用。

动手煮汤

/ 材料 /

雪梨1~2个,山楂干一把,百合2个。

/ 调料 /

冰糖或蜂蜜适量。

/ 步骤 /

1. 将雪梨去皮去核,切成小块,山楂干和百合清洗干净。
2. 如果使用干百合,需要提前用冷水泡发,时间约1~2小时,直到百合变软。
3. 将雪梨、山楂和百合一同放入锅中,加入适量的清水。
4. 根据个人口味加入适量的冰糖,大火煮沸后转小火慢炖。
5. 炖至雪梨透明,山楂和百合都变得软烂,汤色变深。
6. 调整到合适的口味后,即可关火,稍微晾凉后即可食用。

烹饪秘笈

1. 选择新鲜、肉质细腻的雪梨,去皮去核后切成小块。
2. 山楂干需要提前清洗干净,去除杂质。
3. 干百合需要提前泡发,泡发时间不宜过长,以免影响口感。
4. 大火煮沸后转小火慢炖,保持汤面微沸状态,有助于食材更好地释放营养成分。
5. 在汤快炖好时再加盐或糖调味,以免影响汤的口感。

罗汉雪梨汤

罗汉雪梨汤是一道具有润肺止咳、清热降火功效的汤品。

罗汉果，蕴含着自然的甘甜与醇厚；洁白的雪梨，鲜嫩多汁，带着阳光的温柔。它们在锅中慢慢交融，熬制成这一锅清甜的汤品。

适合人群

经常吸烟、咽喉不适的人，教师、歌手等用嗓频繁的职业人群，秋冬季节容易出现咳嗽、咽干等症状的人群，上火导致咽喉肿痛、口舌生疮的人群，体内燥热、大便干燥的人群，等。

饮食禁忌

脾胃虚寒者、风寒咳嗽者、糖尿病患者、过敏体质者等避免食用。

动手煮汤

/ 材料 /

罗汉果1个，雪梨1~2个。

/ 调料 /

无。

/ 步骤 /

1. 将罗汉果洗净，掰开。
2. 雪梨洗净，去皮去核，切成小块。
3. 把罗汉果和雪梨块放入锅中，加入适量清水。
4. 大火煮沸后，转小火煮30分钟左右，至雪梨软烂。

> **烹饪秘笈**
>
> 1. 罗汉果掰开时尽量分成小块，以便其有效成分更好地融入汤中。
> 2. 雪梨去皮去核后切成小块，能加快煮熟的速度，也更易出味。
> 3. 如果喜欢脆爽的口感，雪梨煮的时间可以短一些；若喜欢软烂的口感，煮的时间则长一些。
> 4. 煮制过程中适时搅拌，可使食材受热均匀，味道融合更充分。

养肝明目

豆腐炖汤

在快节奏的现代生活中，我们的肝脏和眼睛常常承受着巨大的压力。长时间的工作、熬夜、不良的饮食习惯等都可能导致眼睛和肝脏功能受损。此时，一碗营养丰富的养肝明目汤就成为了我们呵护身体的贴心伴侣。

养肝明目汤，顾名思义，是一款以养肝和明目为主要功效的汤品，通常用多种具有滋补肝肾、养血明目作用的食材和药材精心熬制而成。对于长期面对电脑工作的白领、经常熬夜的人群，以及视力下降、眼睛疲劳的人来说，都是一道不可多得的养生佳品。它能够帮助我们调理肝脏功能，补充眼部所需的营养，缓解眼睛干涩、疲劳等症状，让我们的眼睛重新焕发明亮的光彩。

然而，需要注意的是，养肝明目汤虽然有诸多好处，但并非适合所有人。对于有脾胃虚寒、腹泻等问题的人群，应在医生的指导下食用。同时，养肝明目也不能仅仅依靠汤品，还需要结合良好的生活习惯，如保证充足的睡眠、减少用眼时间、合理饮食等，才能真正达到呵护肝脏和眼睛健康的目的。

让我们在忙碌的生活中，抽出一点时间，为自己和家人熬制一碗养肝明目汤，从内而外滋养身体，迎接更加美好的生活。

猪肝豆腐汤

猪肝豆腐汤是一道家常且简单易做、营养丰富的汤品，为我们的餐桌增添一份温暖与健康。鲜嫩的猪肝，是大地馈赠的营养宝藏，每一片都饱含着生活的醇厚滋味；洁白的豆腐，宛如无瑕的璞玉，细腻滑嫩。它们在热汤中相遇、交融。

适合人群

贫血患者、儿童和青少年、用眼过度者、孕妇和哺乳期妇女、老年人。

饮食禁忌

高胆固醇血症患者适量食用。痛风患者、消化功能不良者，对猪肝或豆腐过敏者避免食用。

动手煮汤

/ 材料 /
猪肝 200 克，豆腐 150 克，葱、姜适量。

/ 调料 /
盐、料酒、生抽、淀粉、食用油适量，香菜等少许。

/ 步骤 /

1. 猪肝洗净切片，放入清水中浸泡 20 分钟左右，去除血水，捞出沥干水分。
2. 猪肝片中加入适量盐、料酒、生抽、淀粉，搅拌均匀，腌制 15 分钟。
3. 豆腐切成小块，用开水焯一下，去除豆腥味。
4. 锅中倒入适量食用油，油热后放入葱姜爆香。
5. 加入适量清水，大火烧开。
6. 放入腌制好的猪肝片，煮至变色。
7. 加入豆腐块，继续煮 3~5 分钟。
8. 加入适量盐调味，撒上香菜即可出锅。

烹饪秘笈

1. 猪肝切片后一定要用清水充分浸泡，换水 2~3 次，尽量泡出血水，减少腥味。
2. 腌制猪肝时除了常规的调料，加入少许白酒或白醋，去腥效果更好。同时，适量的淀粉能让猪肝口感更滑嫩。
3. 煮猪肝的时间不宜过长，以免口感变老。
4. 豆腐切块后先焯水，不仅可以去除豆腥味，还能让豆腐在煮汤时不易破碎。
5. 先用大火烧开，然后转中小火慢炖，这样可以让汤更加浓郁。
6. 出锅前再放盐等调味料，过早放盐会使猪肝肉质变老，也会影响豆腐的口感。
7. 出锅前撒上少许白胡椒粉，既能去腥又能提鲜。

番茄墨鱼汤

番茄墨鱼汤是一道融合了酸甜番茄与鲜美墨鱼的特色汤品。红润的番茄,犹如热情的小太阳,点亮了这道汤的色彩,鲜嫩的墨鱼,在锅中翻滚,释放出大海的鲜香。当番茄与墨鱼相遇,酸酸甜甜的番茄,融入墨鱼的鲜美,熬成一锅浓郁的汤。

适合人群

体质虚弱者、孕产妇、儿童和青少年、贫血人群、消化不良者、爱美人士。

饮食禁忌

胃肠疾病患者、高胆固醇血症患者适量食用;过敏体质者、痛风患者避免食用。

动手煮汤

/ 材料 /

番茄2个、墨鱼1~2只、姜片、葱段适量。

/ 调料 /

盐、料酒、食用油、胡椒粉等适量。

/ 步骤 /

1. 墨鱼处理干净,切成小块,用料酒和姜片腌制片刻。
2. 番茄洗净,顶部划十字,用开水烫一下,去皮切成小块。
3. 锅中倒入适量食用油,油热后放入葱段爆香。
4. 加入番茄块,翻炒出汁。
5. 倒入适量清水,大火烧开。
6. 放入腌制好的墨鱼块,煮至墨鱼熟透。
7. 加入适量盐和胡椒粉调味,撒上葱花即可出锅。

烹饪秘笈

1. 墨鱼要去除内脏、墨囊和表面的黑膜,这些部分可能带有腥味和杂质。处理时要小心,避免墨汁溅出。
2. 在烹饪前,将墨鱼块焯水,能进一步去除腥味,但时间不宜过长,以免肉质变老。
3. 煮汤时先用大火烧开,然后转中小火慢炖,可让墨鱼的鲜味充分融入汤中,同时避免汤汁过度蒸发。

双花猪肝汤

双花猪肝汤是一道传统的中医药膳，具有清肝明目、养肝解郁等功效。

密蒙花

适合人群

密蒙花具有清热养肝、明目退翳的功效，适用于目赤肿痛、多泪羞明、眼生翳膜、肝虚目暗、视物昏花等眼部疾病，也可用于清泻肝火，缓解因肝火上炎导致的头晕、头痛、烦躁易怒等症状。

饮食禁忌

对密蒙花过敏者应避免使用。
孕妇应谨慎使用，如需使用需在医生指导下进行。

菊花

适合人群

菊花具有疏散风热的作用，适用于外感风热所致的发热、头痛、咳嗽等症状；能平抑肝阳，对于肝阳上亢所致的头晕、头痛、目赤肿痛等有一定的缓解作用；有清热解毒的功效，可用于热毒所致的疮疡肿痛等；可缓解眼睛疲劳、干涩，保护视力。

饮食禁忌

菊花性微寒，脾胃虚寒者过多饮用可能会导致胃部不适、腹痛、腹泻等症状。
阳虚体质者常有畏寒肢冷、面色苍白、大便溏薄等问题，过多饮用菊花茶可能会损伤阳气，加重症状。

伤寒感冒多由着凉引起，饮用寒性的菊花茶可能会加重病情。

动手煮汤

/ 材料 /

密蒙花 10 克，菊花 10 克，猪肝 500 克，枸杞子 10 克，干姜 10 克。

/ 调料 /

盐适量。

/ 步骤 /

1. 猪肝洗净切片，放入冷水加热，水沸后 1 分钟后捞出，放入汤锅里。
2. 向汤锅中加 3 升水，放入洗净的密蒙花、菊花、枸杞子、干姜，先大火煮开，后转小火煮 60 分钟。
3. 加盐调味即成。

烹饪秘笈

1. 将猪肝洗净切片，放入冷水中加热，水沸后 1 分钟捞出，放入汤锅里。这样可以去除血水和杂质，使猪肝更加干净。
2. 可以根据个人喜好加入其他蔬菜或药材一起煮，增加汤的营养和口感。

养血补血

红枣桂圆乌鸡汤

  养血补血类汤品，不仅是一道美食，更是对健康的呵护和关爱。汤中融合了多种精选的食材，每一味都蕴含着丰富的营养和独特的功效。

  以红枣、桂圆为代表的干果类食材，是这道汤中的常客。红枣，素有"天然维生素丸"的美誉，富含维生素 C、维生素 P 和多种矿物质，具有补中益气、养血安神的作用。那一颗颗饱满红润的红枣在汤中翻滚，释放出甜蜜的滋味和浓郁的香气，仿佛在诉说着滋养身心的承诺。桂圆，又称龙眼肉，性温味甘，具有补益心脾、养血安神的功效。它的加入，让汤的口感更加醇厚，甜而不腻，给人以温暖和满足。

  除了干果，一些肉类食材如乌鸡也常常出现在养血补血汤的配方中。乌鸡，肉质鲜嫩，营养丰富，富含蛋白质、维生素和矿物质。用乌鸡熬制的汤，汤色浓郁，香气扑鼻，让人垂涎欲滴。

红枣桂圆乌鸡汤

红枣桂圆乌鸡汤不仅味道鲜美，而且具有丰富的营养价值和药用功效。乌黑的乌鸡，在锅中翻滚，释放着自身的鲜美；红枣如同一颗颗甜蜜的小太阳，散发着浓郁的香气；桂圆则像是温柔的使者，带来香甜的滋味。

适合人群

女性，身体虚弱者，老年人，贫血患者，工作压力大、经常感到疲劳的人群。

饮食禁忌

高血压、高血脂患者，糖尿病患者，消化功能不良者应适量食用；孕妇，感冒发热者，上火人群不可食用。

动手煮汤

/ 材料 /
乌鸡 1 只，红枣 10 颗，桂圆 10 颗，枸杞、生姜适量。

/ 调料 /
盐适量。

/ 步骤 /

1. 乌鸡去除内脏和羽毛，洗净后切成块状备用；
2. 将红枣、桂圆、枸杞洗净，生姜切片备用。
3. 锅中加入适量清水，放入乌鸡块，大火烧开后撇去浮沫，捞出乌鸡块用清水冲洗干净。
4. 将乌鸡块、红枣、桂圆、枸杞、生姜片放入砂锅中，加入足够的清水，大火烧开后转小火炖煮 1~2 小时，直到鸡肉熟烂。
5. 根据个人口味加入适量盐调味即可。

烹饪秘笈

1. 新鲜的乌鸡和红枣、桂圆能够保证汤的口感和营养。
2. 炖煮时间过长可能会导致鸡肉过于软烂，影响口感，炖煮时间过短可能导致鸡肉不熟。
3. 盐的用量要根据个人口味适当调整，避免过咸。
4. 在处理食材和炖煮过程中，要保持厨房和工具的清洁卫生。

生姜当归羊肉汤

当归生姜羊肉汤是一道经典的中医食疗方,不仅味道鲜美,更是滋补身体的佳品,具有温中补虚、驱寒止痛等功效。

适合人群

女性,身体虚弱者,老年人,贫血患者,工作压力大、经常感到疲劳的人群。

饮食禁忌

高血压、高血脂患者,糖尿病患者,消化功能不良者应适量食用;孕妇,感冒发热者,上火人群不可食用。

动手煮汤

/ 材料 /

当归30克,生姜15克,羊肉250克。

/ 调料 /

盐适量。

/ 步骤 /

1. 准备当归、生姜和羊肉。
2. 羊肉洗净切块,放入开水中焯水去腥,捞出备用。
3. 当归洗净,生姜切片。
4. 将羊肉、当归、生姜一同放入锅中,加入适量清水。
5. 大火烧开后,转小火炖煮至羊肉熟烂,加盐调味即可。

烹饪秘笈

1. 羊肉在烹饪前先用清水浸泡1~2小时,其间换水2~3次,以去除血水,减少膻味。
2. 当归可切成薄片,以便更好地释放药效。
3. 生姜去皮后切成大片,能更好地发挥其散寒作用。
4. 先将羊肉焯水,冷水下锅,加入料酒和姜片,水开后撇去浮沫,捞出冲洗干净。
5. 加水时要一次性加足,避免中途加水,影响汤的口感和营养。如果确实需要加水,应加热水。
6. 可以根据个人口味和需求,适量加入枸杞、红枣等食材,增加汤的营养和风味。
7. 除了焯水,还可以在汤中加入少许花椒、陈皮或山楂,有助于去除羊肉的膻味。

猪血菠菜汤

　　猪血菠菜汤是一道营养丰富且美味的汤品，不仅味道鲜美，而且对身体健康有益。鲜嫩的菠菜，宛如春天的使者，带来清新与活力，而那滑嫩的猪血，就像藏在时光里的宝藏，朴实无华却营养丰富。

适合人群

贫血患者、孕妇和哺乳期妇女、儿童和青少年、便秘人群、电脑工作者和用眼过度者。

饮食禁忌

高胆固醇血症患者、草酸钙结石患者应适量食用；脾胃虚寒者、服用钙剂者不可食用。

动手煮汤

/ 材料 /

菠菜3棵，猪血100克，葱、姜、蒜适量。

/ 调料 /

盐、鸡精适量。

/ 步骤 /

1. 准备新鲜的猪血、菠菜、葱、姜、蒜等食材。
2. 猪血切成小块，菠菜洗净切段。
3. 锅中加水烧开，放入姜片和猪血焯水去腥。
4. 另起锅，加入适量食用油，放入葱、姜、蒜爆香。
5. 加入适量清水，放入猪血，大火煮开后转小火煮几分钟。
6. 放入菠菜，煮至菠菜变软。
7. 加入适量盐、鸡精等调味料，搅拌均匀即可出锅。

烹饪秘笈

1. 猪血在烹饪前需要先焯水，焯水时可以加入姜片和料酒，以去除腥味和杂质。
2. 菠菜中含有草酸，会影响人体对钙的吸收，因此在烹饪前需要先焯水，以去除草酸，但焯水时间不宜过长，一般2~3分钟即可。
3. 猪血菠菜汤的调味可以根据个人口味进行调整，一般可以加入适量的盐、胡椒粉、香油等调味料。
4. 煮猪血菠菜汤时，火候不宜过大，以免煮破猪血和菠菜，影响口感。
5. 猪血和菠菜的烹饪时间不宜过长，以免影响口感和营养价值。

温脾补气

山药芡实排骨汤

  温脾补气汤,顾名思义,其主要功效在于温暖脾脏、补充人体的正气。

  脾脏在中医理论中被视为后天之本,主运化、统血,是人体气血生化之源。一旦脾脏功能失调,人体就容易出现各种不适,如食欲不振、腹胀腹泻、肢体乏力等。而温脾补气汤恰似一位贴心的卫士,守护着脾脏的健康,让人体的气血得以顺畅运行。

  这类汤的选材十分讲究。通常会选用一些具有温脾补气作用的中药材,如人参、山药、芡实、黄芩等。除了中药材,还会搭配一些食材,如鸡肉、排骨等。鸡肉性温,富含蛋白质和多种营养成分,具有温中益气、补精添髓的作用;排骨则能提供丰富的胶原蛋白和钙质,为身体补充营养。

  然而,需要注意的是,温脾补气汤虽然具有诸多好处,但并非适合所有人。对于体内有实热、阴虚火旺的人来说,应谨慎食用,以免加重病情。在食用之前,最好咨询专业的中医医师,根据个人的体质和病情对食材进行适当的调整。

山药芡实排骨汤

　　山药芡实排骨汤是一道营养丰富且具有滋补功效的汤品。新鲜的排骨,在锅中翻腾跳跃,释放出醇厚的肉香。山药软糯,芡实饱满,它们与排骨相遇,在小火慢炖中渐渐融合。

适合人群

女性,身体虚弱者,中老年人,贫血患者,皮肤干燥、面色不佳者。

饮食禁忌

便秘者、消化不良者应适量食用;上火人群、过敏体质者、积滞者不可食用;孕妇食用应谨慎,尤其是在孕早期,因为芡实有一定的收涩作用。

动手煮汤

/ 材料 /

排骨 500 克,山药 200 克,芡实 50 克,姜片 3 片,葱段 3 段。

/ 调料 /

料酒 2 汤匙,盐适量。

/ 步骤 /

1. 排骨剁成小块,冷水下锅,加入料酒、姜片,焯水后捞出洗净。
2. 山药去皮切块,放入清水中防止氧化。
3. 芡实洗净备用。
4. 把排骨、芡实、姜片、葱段放入砂锅中,加入适量清水,大火烧开后转小火慢炖 1 个小时。
5. 加入山药继续炖 30 分钟,至山药熟透。
6. 加入适量盐调味即可。

烹饪秘笈

1. 排骨在焯水前先浸泡一段时间,泡出血水,能减少腥味;焯水时冷水下锅,慢慢煮出血沫。
2. 山药去皮时最好戴上手套,防止山药的黏液引起皮肤瘙痒。山药去皮后应立即放入水中,避免氧化变黑。
3. 芡实提前浸泡 2~3 小时,使其更容易煮熟煮透。
4. 先煮排骨和芡实,煮一段时间后再放入山药,因为山药容易煮烂。
5. 煮汤时可加入少量姜片和料酒去腥。
6. 出锅前撒上少许葱花和香菜,能提升汤的鲜香。
7. 盐在汤即将煮好时再放,过早放盐会使肉质变老,也会影响汤的鲜味。

党参鸡汤

党参鸡汤是一道滋补佳品，具有丰富的营养价值和良好的保健功效。一碗党参鸡汤是对生活最好的慰藉。

适合人群

脾胃气虚者，表现为食欲不振、肢体乏力、面色萎黄、气短懒言等症状。

气血两虚者，表现为头晕、心慌、气短、乏力、面色苍白或萎黄等症状。

处于疾病康复期或产后身体虚弱，需要调养滋补的人群。

饮食禁忌

不宜与藜芦同用，中医"十八反"中有"诸参辛芍叛藜芦"的说法，党参与藜芦的药效相反，同用可能会产生不良反应。

党参具有补中益气的作用，对于体内有实邪（如外感邪气、食积、痰饮、瘀血等），以及实热证（如高热、口渴、烦躁、便秘、舌红苔黄等）的人群，服用党参可能会助邪留寇，加重病情。

动手煮汤

/ 材料 /

母鸡1只（约1500克），党参30克，红枣8颗，枸杞10克，姜片5片，葱段5段。

/ 调料 /

盐适量、料酒2汤匙。

/ 步骤 /

1. 将母鸡处理干净，去除内脏、鸡油和鸡屁股，用清水冲洗干净，切成大块备用。
2. 党参洗净切段，红枣去核洗净，枸杞洗净备用。
3. 锅中加入适量清水，大火烧开，放入鸡块，加入1汤匙料酒，煮3~5分钟，撇去浮沫，捞出鸡块用温水冲洗干净，沥干水分。
4. 准备一个砂锅，将焯好水的鸡块放入砂锅中，加入党参、红枣、姜片和葱段，倒入足量的清水，大火烧开后撇去浮沫，加入1汤匙料酒，转小火炖煮1.5~2小时。
5. 放入枸杞继续炖煮10~15分钟，加入适量盐调味，搅拌均匀即可。

烹饪秘笈

1. 鸡肉焯水时要冷水下锅，这样可以更好地去除血水和杂质。
2. 炖煮鸡汤时要一次性加入足量的清水，中途尽量不要加水。如果必须加水，要加热水，以免影响鸡汤的口感。
3. 枸杞要最后放入，以免煮得时间过长而失去营养和口感。

四君子汤

四君子汤是中医中的经典名方。一碗四君子汤,如同一位贴心的老友,默默陪伴。

适合人群

脾胃气虚者、身体虚弱、病后或术后恢复期人群,老年人。

饮食禁忌

实热证患者、孕妇、阴虚火旺者等人群应慎用或在医生指导下使用。

动手煮汤

/ 材料 /

人参9克,白术9克,茯苓9克,炙甘草6克。

/ 调料 /

无。

/ 步骤 /

1. 将药材稍微浸泡并洗干净,捞出后放入砂锅中,加入清水浸泡20分钟左右。
2. 大火开锅后转小火熬制30分钟。
3. 一般在饭后服用,每日早晚各一次。可以将熬好的汤药分成两份,分别在早晚服用。

烹饪秘笈

1. 选择质量好、无杂质的药材。
2. 熬制时间不宜过长或过短,以免影响药效。
3. 具体的服用剂量应根据个人体质和病情而定,最好在医生的指导下服用。
4. 服用四君子汤期间,应避免食用辛辣、油腻、生冷等刺激性食物,以免影响药效。
5. 如果出现过敏或不适反应,应及时停止服用并就医。

炙甘草

人参

白术

茯苓

第五章 调理滋补养生汤

养心安神

养心安神,指的是调养心脏、安定神志。

在中医理念中,心主神明,当心神不宁时,可能会出现失眠多梦、心悸怔忡、健忘、心烦等症状。养心安神旨在通过各种方法,让心脏功能正常,神志安宁。

养心安神的养生汤品常用食材有酸枣仁,它具有养心补肝、宁心安神的功效;莲子也是不错的选择,能养心益肾、补脾止泻、安神;还有百合,可清心安神、润肺止咳;桂圆肉则能补益心脾、养血安神。

在食用养心安神的养生汤品时,有一些注意事项。

第一,要根据个人体质选择合适的食材和汤品,例如,热性体质者应少用温热性的食材。

第二,汤品的食用要适量,过度食用可能会给身体带来负担。

第三,注意食材的新鲜度和卫生,确保汤品的质量。

第四,如果正在服用其他药物,应咨询医生,避免汤品与药物产生冲突。

最后,如果养心安神的症状较为严重,仅依靠汤品调养可能效果有限,应及时就医,寻求专业的治疗。

酸枣仁百合汤

酸枣仁百合汤汤性质平和,是一道具有养心安神作用的汤品,适合大多数人食用,但体质虚寒、腹泻等人群,应在医生指导下饮用。

适合人群

失眠多梦人群、神经衰弱者、更年期女性、工作压力大的人群、阴虚体质者。

饮食禁忌

孕妇、脾胃虚寒者应谨慎食用或在医生指导下食用。

动手煮汤

/ 材料 /
酸枣仁 15 克,百合 15 克,红枣 5 颗,枸杞适量。

/ 调料 /
冰糖适量。

/ 步骤 /
1. 将酸枣仁、百合、红枣、枸杞洗净备用。
2. 将所有食材放入锅中,加入适量清水,大火煮沸后转小火煮 30 分钟左右,直至汤汁浓稠。
3. 根据个人口味加入适量冰糖调味,搅拌均匀后即可饮用。

烹饪秘笈

1. 酸枣仁和百合的比例要适当,一般可按照1:1的比例使用,也可根据个人体质和症状需求进行微调。
2. 酸枣仁质地较硬,煮之前可以用清水浸泡1~2小时,使其能够更好地释放有效成分。
3. 最好使用砂锅或陶瓷锅来煮汤,能更好地保持汤的营养和口感。

莲子猪心汤

莲子猪心汤是一道传统的滋补汤品,具有多种益处。精心挑选的猪心和圆润饱满的莲子,带着清新与甘甜。它们在锅中慢慢炖煮,彼此交融。

适合人群

心虚多汗者、失眠多梦者、精神疲惫者、产后或术后体虚者、心悸怔忡者。

饮食禁忌

高胆固醇血症患者、痛风患者、消化功能不良者、肥胖人群应适量食用。

动手煮汤

/ 材料

猪心 1 个,莲子 30 克,百合 20 克,桂圆肉 10 克,枸杞 10 克。

/ 调料

盐适量。

/ 步骤

1. 猪心处理干净后切片,用开水焯一下,捞出备用。
2. 莲子、百合、桂圆肉洗净,浸泡半小时。
3. 把所有材料放入砂锅,加适量清水,大火煮沸后转小火煮 2 小时。
4. 加盐调味。

烹饪秘笈

1. 猪心的腥味较重,在烹饪前要充分处理。先将猪心切成两半,用清水冲洗内部的血水,然后放入加了料酒和姜片的冷水中浸泡 20 ~ 30 分钟,再进行焯水,能有效去除腥味。
2. 选用去心的莲子,可避免汤品有苦味。如果喜欢莲心的清热降火功效,也可保留莲心,但用量不宜过多。
3. 先用大火将汤烧开,然后转小火慢炖,这样能使汤更浓郁,营养释放更充分。
4. 慢炖的时间一般在 1.5 ~ 2 小时,以确保猪心熟透且莲子软糯。

柏子仁炖猪心

柏子仁炖猪心是一道传统的药膳，具有养心安神、润肠通便的功效。柏子仁的清香与猪心的醇厚香气交织在一起，弥漫在空气中。这道精心烹制的汤品，仿佛是对身心的一场温柔抚慰。

适合人群

失眠多梦人群、心悸心慌者、老年人、脑力劳动者、产后妇女。

饮食禁忌

便溏腹泻者、痰湿内盛者不宜食用；高血脂患者应适量食用。

动手煮汤

/ 材料 /

柏子仁15克，猪心250克，葱段、姜片、肉汤适量。

/ 调料 /

料酒、精盐、味精、猪油适量。

/ 步骤 /

1. 将猪心入沸水锅中焯去血水，捞出洗净。
2. 柏子仁去杂洗净，放入猪心内。
4. 炖煮：锅置火上，放猪油烧热，煸香葱姜，烹入料酒，注入肉汤后倒入炖盅内，放入猪心、精盐、味精，上笼蒸至猪心熟烂，出笼，拣去葱姜即成。

烹饪秘笈

1. 猪心内部的血管和血块要彻底清理干净，可以将猪心切开，用清水反复冲洗，再浸泡一段时间，以去除血水和腥味。
2. 确保柏子仁的品质良好，无杂质和变质。如果柏子仁较硬，可以将其捣碎，以便更好地释放其药效。
3. 在调味时，盐的用量要适中，避免过咸影响汤的口感和功效。
4. 炖制时先用大火将水烧开，然后转小火慢慢炖煮，这样可以使猪心更鲜嫩，营养也能更好地融入汤中。
5. 一般炖煮1.5～2小时，以确保猪心熟透且柏子仁的药效充分发挥。但也要注意不要过度炖煮，以免猪心肉质过老。
6. 最好使用砂锅或陶瓷炖盅，它们能均匀受热，保持汤的温度和口感。

健胃消食

在我们的日常生活中，美食的诱惑无处不在。然而，有时候我们可能会因为贪吃或者饮食不当，导致肠胃负担过重，出现消化不良、胃胀、胃痛等不适症状。这时，一碗健胃消食汤就成为了我们肠胃的"救星"。

健胃消食汤，顾名思义，是一种具有促进消化、增强肠胃功能的汤品，通常由多种天然食材精心熬制而成，不仅味道鲜美，而且营养丰富。

这道汤的食材选择非常讲究。山楂是其中常见的一味，它酸酸甜甜的口感让人回味无穷，更重要的是，山楂具有消食化积、行气散瘀的作用，能够有效地促进胃肠蠕动，帮助消化油腻食物。鸡内金也是不可或缺的，它是鸡胃的内壁，有着极强的消食健胃功效，对于食积不消、呕吐泻痢等症状有显著的改善效果。此外，还可以加入陈皮，陈皮有理气健脾、燥湿化痰的作用，能调节脾胃气机，缓解胃胀不适。

制作健胃消食汤品的过程并不复杂，但需要耐心和细心。

当一碗热气腾腾的健胃消食汤摆在面前时，我们会被它那浓郁的香气所吸引。轻轻品尝一口，酸甜的味道在舌尖散开，瞬间刺激了味蕾，让人食欲大增。汤汁顺滑地流过喉咙，温暖了整个身体，仿佛给肠胃做了一次舒适的按摩。

总之，健胃消食汤不仅是一道美味的汤品，更是一种关爱肠胃健康的生活方式。在享受美食的同时，别忘了给肠胃一份贴心的呵护，让健胃消食汤成为餐桌上的常客，为我们的健康加分。

麦芽山楂瘦肉汤

山楂麦芽瘦肉汤是一道具有开胃消食、健脾益胃功效的汤品,味道酸甜可口,适合消化不良、食欲不振的人群。

适合人群

儿童、上班族、饮食油腻者、产后妇女、老年人等。

饮食禁忌

孕妇、胃酸过多者、对食材过敏者等应避免食用。

选购方法

优质麦芽呈淡黄色,有光泽,颜色过深或过浅可能品质不佳。应选择颗粒饱满、大小均匀,无杂质和碎粒,具有清新的麦香,无霉味或其他异味的。

动手煮汤

/ 材料 /
山楂 10 克,麦芽 20 克,瘦肉 200 克,姜片适量。

/ 调料 /
盐适量。

/ 步骤 /
1. 瘦肉洗净切块,冷水下锅,焯水去腥。
2. 山楂、麦芽洗净备用。
3. 将所有材料放入锅中,加入适量清水。
4. 大火煮沸后转小火煮约 1~1.5 小时。
5. 加入适量盐调味即可。

烹饪秘笈

1. 瘦肉焯水时要冷水下锅,这样能更好地去除血水和杂质。
2. 山楂和麦芽在使用前最好用清水浸泡一段时间,以去除表面的灰尘和杂质。
3. 先用大火将汤烧开,然后转小火慢炖,这样可以使汤的味道更加浓郁,食材的营养成分也能更好地释放出来。
4. 整个炖煮过程以 1.5~2 小时为宜,时间太短可能导致食材煮不透,时间太长则可能影响口感和营养。
5. 建议在汤快要煮好时再加入盐调味,过早放盐可能会使瘦肉中的蛋白质凝固,影响汤的鲜味和肉的口感。

神曲萝卜汤

神曲萝卜汤是一道具有独特风味和保健功效的汤品。神曲的独特香气与萝卜的清新相互交织,仿佛在讲述一个温暖的故事。萝卜在锅中翻滚,吸收着神曲的精华,变得更加清甜可口。

适合人群
儿童、成年人、老年人、脾胃虚弱者。

饮食禁忌
孕妇、过敏体质者、肠胃虚寒者等应避免食用。

动手煮汤

/ 材料 /
山楂30克,焦山楂30克,神曲15~30克,葱叶3段,白萝卜100克。

/ 调料 /
冰糖适量。

/ 步骤 /
1. 将山楂、焦山楂、神曲洗净,白萝卜去皮切块;
2. 将山楂、焦山楂、神曲放入碗中,加凉水没过两厘米,浸泡半个小时;
3. 将浸泡好的食材和白萝卜一起放入锅中,上锅蒸半个小时,然后吃萝卜和山楂,喝汤。

烹饪秘笈
1. 在煮汤前将神曲捣碎,能使其有效成分更充分地释放,增强汤的药效。
2. 萝卜块切得太大,不易煮透;切得太小,又容易煮烂影响口感。一般切成2~3厘米见方的小块较为合适。
3. 先用大火将水煮开,然后转小火慢煮,这样可以更好地激发神曲的精华。加入萝卜后,保持中火煮至萝卜熟透,以保证萝卜的口感和营养。
4. 炖煮的时间不宜过长,以免营养成分流失过多。通常煮30~40分钟即可。
5. 在汤快要煮好时再进行调味,这样可以更准确地掌握盐和胡椒粉的用量,使汤的味道更加鲜美。
6. 可以根据个人口味和需求,适量加入一些其他食材,如姜片、葱段等,增添汤的风味。

通经活络

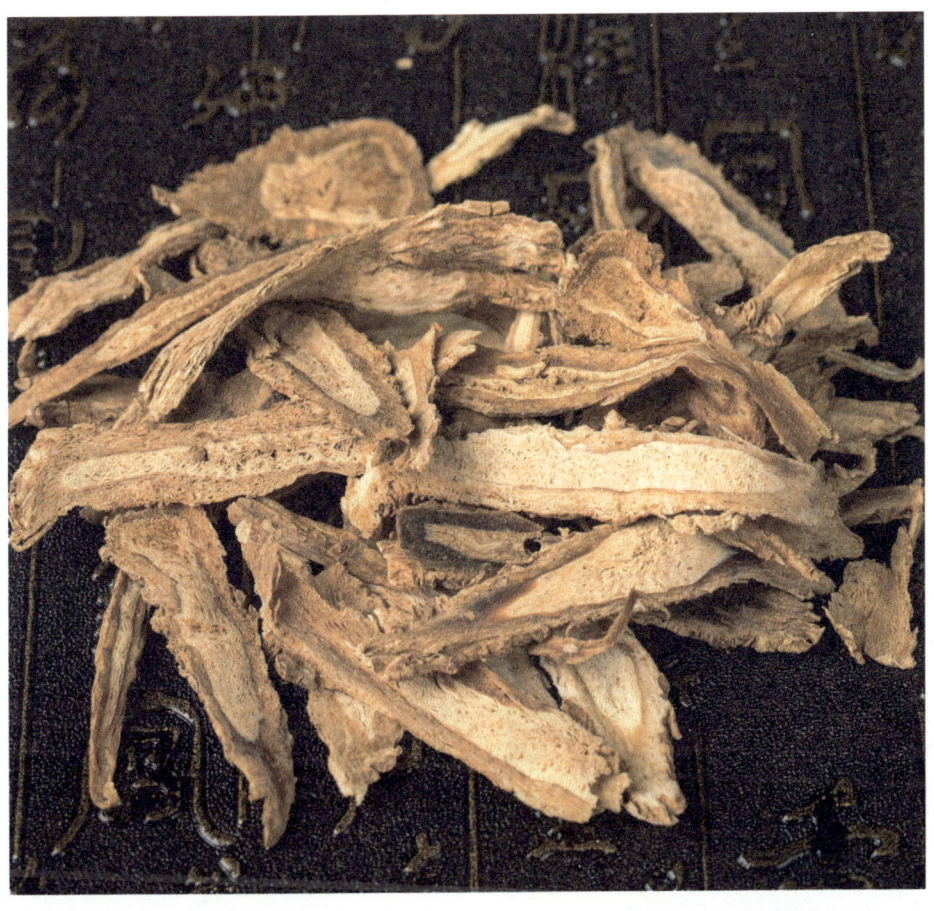

通经活络,顾名思义,其核心功效在于疏通经络、促进气血运行。经络,如同人体内部的高速公路,气血则是在这些道路上奔驰的车辆。经络通畅,气血运行无阻,身体各个器官和组织才能得到充分的滋养和调节,从而保持良好的功能状态。

制作通经活络汤的食材通常精心挑选,包含了多种具有活血化瘀、祛风除湿、温经散寒等功效的药材和食材。比如常见的当归,它被誉为"妇科圣药",能补血活血,调经止痛。再加上一些温热的食材,如生姜、羊肉等,不仅增添了汤的风味,更增强了温通经络的效果。

木瓜猪蹄汤

木瓜猪蹄汤是一道家常菜肴，不仅味道鲜美，而且具有一定的美容养颜功效。

适合人群

产妇、皮肤干燥粗糙者、身体虚弱者、关节不适者、青少年等。

饮食禁忌

高血脂、高血压患者肥胖人群适量食用；痛风患者、对木瓜或猪蹄过敏者应避免食用。

动手煮汤

/ 材料 /

猪蹄1只，木瓜1个，红枣8个，姜1块，葱1根。

/ 调料 /

盐适量。

/ 步骤 /

1. 红枣去核，姜拍扁，葱切段；猪蹄洗净，冷水下锅，加一勺白酒，煮3分钟，捞出逐块洗净；木瓜去皮、去籽，切块。
2. 将红枣、姜片、猪蹄、适量清水倒入砂锅，大火煮开后转中小火煲1小时；
3. 加入木瓜，小火煲1小时；
4. 加盐调味，出锅前撒上葱段。

烹饪秘笈

1. 猪蹄在炖煮前需要先焯水，去除血水和杂质；木瓜去皮、去籽，切成适当大小的块状。
2. 炖煮的时间要足够长，以确保猪蹄和木瓜的营养成分充分释放。一般来说，炖煮1~2个小时，直到猪蹄软烂，木瓜熟透。
3. 调味时可以根据个人口味适量加入盐、胡椒粉等调味料，但要注意不要加太多，以免影响汤的口感。
4. 可以根据个人喜好加入一些其他食材，如红枣、枸杞、花生等，增加汤的营养。
5. 炖煮过程中要注意火候的控制，先用大火煮开，然后转小火慢慢炖煮，这样可以让汤更加浓郁。

田七乌鸡汤

田七乌鸡汤是一道具有滋补功效的汤品。这道汤将田七与乌鸡搭配在一起，不仅味道鲜美，还具有多种保健作用。

适合人群

女性、体质虚弱者、气血不足者、中老年人等。

饮食禁忌

感冒发热者，高血压，高血脂患者，内火旺盛者，肠胃不适者，对乌鸡或田七过敏者等应避免食用。

动手煮汤

/ 材料 /

乌鸡 1 只，田七 10 克，姜片适量。

/ 调料 /

盐、料酒适量。

/ 步骤 /

1. 将乌鸡肉块放入开水中略烫，捞出后用清水洗净；田七泡发后，放入清水中轻轻搓洗。
2. 将清水倒入锅中，放入姜片和料酒，加热至沸腾，然后放入乌鸡肉块，小火煮约 1 小时左右，煮出乌鸡的味道和营养成分。
3. 将泡发好的田七块放入煮好的乌鸡汤中，小火煮约半小时，等到田七软烂即可。
4. 最后放入适量盐，提升其美味程度。

烹饪秘笈

1. 将乌鸡洗净切块，去除血水和杂质；田七泡发后切成小块或磨成粉。
2. 一般采用煨煲或隔水炖的方式，火候以中小火为宜，炖煮时间不宜过长，以免营养流失。
3. 调味时应适量，不宜过咸，以免影响汤的口感和营养价值。
4. 可以根据个人口味和需求，搭配其他食材如红枣、枸杞、当归等，增加汤的营养和口感。

第六章
健体祛病养生汤

"三高"通常指的是高血压、高血脂和高血糖，这三种问题在现代社会中变得越来越普遍。导致这些健康问题的原因多种多样。煲汤可以帮助缓解高血压、高血脂、糖尿病和贫血等问题。当然，最好还是在专业医生或营养师的指导下，根据个人健康状况调整饮食，以获得最佳效果。

高血压

高血压患者可以选择一些有助于降压的食材来制作养生汤品。例如芹菜,含有丰富的钾元素,能帮助调节血压;冬瓜有利尿消肿的作用,有助于降低血容量,从而辅助降压;还有黑木耳,能抗血小板聚集,降低血液黏稠度。

以下是一些适合高血压患者的汤品。

冬瓜海带汤,主要食材有冬瓜、海带。冬瓜能利尿消肿,海带富含钾,可促进钠的排出,有助于降低血压。

芹菜豆腐汤,用到芹菜和豆腐。芹菜含有的芹菜素能舒张血管,豆腐富含蛋白质和钙,营养丰富且口味清淡。

番茄木耳汤,包含番茄和木耳。番茄中的番茄红素对心血管有益,木耳有抗血小板聚集的作用,能改善血液循环。

苦瓜瘦肉汤,苦瓜能清热降火,瘦肉可提供优质蛋白,增强体质。

芹菜香菇汤

芹菜香菇汤是一道简单易做且营养丰富的家常汤品。鲜嫩的芹菜，犹如春天的使者，散发着清新的香气；胖胖的香菇，像是大地的馈赠，带着醇厚的鲜香。它们在锅中相遇，随着汤汁的翻滚，渐渐融为一体。

适合人群

减肥人群、高血压患者、糖尿病患者、消化不良者。

饮食禁忌

脾胃虚寒者应适量食用，低血压患者应慎食。

动手煮汤

/ 材料 /
芹菜 200 克，香菇 100 克，姜适量。
/ 调料 /
盐、食用油适量。
/ 步骤 /
1. 芹菜去叶洗净，切成小段；香菇去蒂洗净，切片或整个炖煮。
2. 香菇和芹菜可以放入沸水中焯水，去除杂质和部分草酸。
3. 锅中加入适量清水，放入姜片，大火烧开。
4. 将芹菜和香菇加入锅中，再次煮沸后转小火慢煮。
5. 根据个人口味加入适量的盐、鸡精或味精。
6. 煮至芹菜变软，香菇熟透，汤色清亮，即可出锅享用。

烹饪秘笈

1. 食材选择：选择新鲜的芹菜和香菇，确保口感和营养。
2. 火候控制：大火煮沸后转小火，避免芹菜和香菇煮得过烂。
3. 调味：根据个人口味调整调味品的用量，保持汤品的清淡。

番茄木耳汤

红红的番茄宛如热情的小火球,在锅中跳跃翻滚,释放出酸甜的香气。黑黑的木耳像是神秘的小精灵,在汤中舒展身姿。它们相互拥抱,融合成一锅美味的汤羹。

适合人群

一般人群均可食用,尤其适合高血压、高血脂、便秘者,以及爱美人士。

饮食禁忌

有出血性疾病的人不宜食用。

动手煮汤

/ 材料 /

番茄2个,木耳50克,鸡蛋1个,葱适量。

/ 调料 /

盐、食用油、淀粉等适量,生抽少许。

/ 步骤 /

1. 将干海带泡发后洗净,切成适当大小的片或条。
2. 冬瓜去皮去籽,切成块状。
3. 锅中加入适量清水,放入冬瓜和海带,加入姜片和料酒。
4. 大火煮沸后转小火慢煮。
5. 煮至冬瓜变软,加入适量盐调味。
6. 根据个人口味,加入少量鸡精或味精提鲜。
7. 煮至汤品呈现清澈,冬瓜熟透即可出锅。

烹饪秘笈

1. 番茄炒出汁后再加水,汤会更浓郁。
2. 倒入水淀粉时要慢慢搅拌,避免结块。
3. 鸡蛋液要沿着锅边缓缓倒入,同时用筷子快速搅拌,形成均匀的蛋花。

荸荠海带汤

　　海带荸荠汤是一道清爽可口、营养丰富的汤品，具有清热解毒、利尿消肿的功效，适合多数人群食用。海带犹如海中的精灵，在汤中舒展着柔软的身姿，释放出大海的鲜香；荸荠则像一个个调皮的孩子，圆润可爱，为汤增添了清甜的滋味。它们相互融合，共同演绎着美味的旋律。

适合人群
需要清热去火的人群，水肿体质、消化不良者。

饮食禁忌
脾胃虚寒者、孕妇应适量食用。

动手煮汤

/ 材料 /
海带100克，荸荠200克，姜片3片，葱适量。

/ 调料 /
盐、食用油适量。

/ 步骤 /
1. 海带提前泡发，洗净后切成小块。
2. 荸荠洗净，去皮备用。
3. 锅中倒入适量食用油，油热后放入姜片和葱段煸炒出香味。
4. 加入海带块翻炒均匀。
5. 倒入适量清水，大火烧开后转小火煮15分钟左右。
6. 放入荸荠，继续煮10分钟左右，直到荸荠熟透。
7. 根据个人口味加入适量的盐和少许鸡精调味。
8. 搅拌均匀后即可关火，盛出享用。

烹饪秘笈
1. 海带泡发时间要足够，确保泡软，并去除多余的盐分。
2. 荸荠去皮时要注意保持其完整性。
3. 可根据个人喜好加入少量胡椒粉，增添风味。

高血脂

  高血脂，是指血液中的胆固醇、甘油三酯等脂质物质水平升高的一种代谢性疾病。这些脂质物质在血液中过量积聚，会增加血液黏稠度，减缓血液流动。而且这些物质容易在血管壁上沉积，形成粥样斑块，导致动脉粥样硬化、冠心病、脑卒中等心血管疾病的发生风险大幅增加。

  以下是一些适合高血脂患者的养生汤品。

  黑豆山楂汤，以黑豆和山楂为主要原料。黑豆富含蛋白质、维生素和矿物质，能降低胆固醇；山楂则可以消食化积、活血化瘀，有助于降低血脂。

  冬瓜虾仁汤，冬瓜具有利尿消肿、降脂减肥的作用，虾仁富含优质蛋白质且脂肪含量低。此汤清淡鲜美，既能补充营养，又不会增加血脂负担。

  香菇木耳汤，香菇和木耳都有降低血脂的功效。香菇中的香菇嘌呤能促进胆固醇的代谢，木耳中的多糖类物质能抑制血小板凝聚，降低血液黏稠度。

山楂荷叶汤

山楂荷叶汤是一道简单易做、营养丰富的汤品,适合多数人群食用,尤其在夏季具有很好的消暑和减肥效果。

适合人群

需要减肥的人群、消化不良者、高血脂患者。

饮食禁忌

胃酸过多者应适量食用;孕妇应避免食用。

选购方法

荷叶选择干燥、无霉变、颜色自然的。

动手煮汤

/ 材料 /

山楂30克,干荷叶10克。

/ 调料 /

冰糖适量。

/ 步骤 /

1. 将山楂洗净,去核备用。
2. 干荷叶洗净,用清水浸泡10分钟左右。
3. 锅中加入适量清水,放入山楂和浸泡好的荷叶。
4. 大火煮沸后,转小火煮15~20分钟。
5. 根据个人口味加入适量冰糖,搅拌均匀,继续煮5分钟左右,至冰糖完全融化。

烹饪秘笈

1. 山楂处理:山楂去核可以减少酸味,使汤品更易入口。
2. 荷叶选择:新鲜的荷叶或干燥的荷叶均可,但需清洗干净。
3. 火候控制:大火煮沸后转小火,避免汤品变得浑浊。
4. 调味:根据个人口味调整甜味,保持汤品清淡。
5. 食材搭配:可添加适量的陈皮或玫瑰花,增加风味和功效。

银耳木耳汤

银耳木耳汤是一道营养丰富、口感丰富的传统汤品,适合多数人群食用,在干燥季节具有很好的滋润效果。

适合人群
皮肤保养者、免疫力低下者、便秘患者。

饮食禁忌
脾胃虚寒者应适量食用。

动手煮汤

/ 材料 /
银耳1朵,木耳10朵,红枣5颗,枸杞10粒。

/ 调料 /
冰糖适量。

/ 步骤 /
1. 银耳提前用清水泡发2~3小时,泡发后去除根部黄色部分,撕成小朵。
2. 木耳同样用清水泡发1~2小时,泡好后洗净撕成小朵。
3. 红枣去核洗净备用。
4. 锅中加入适量清水,放入银耳,大火煮开后转小火煮30分钟左右,至银耳出胶。
5. 加入木耳和红枣继续煮15分钟。
6. 放入枸杞和适量冰糖,再煮5分钟左右,至冰糖融化即可。

烹饪秘笈
1. 泡发技巧:银耳和木耳需充分泡发,以确保口感。
2. 火候控制:炖煮时先用大火煮沸,然后转小火慢炖,以保持汤品的清澈。
3. 调味:根据个人口味调整甜味和咸味。
4. 食材搭配:可添加枸杞和红枣增加营养和风味。

黄豆豆腐汤

黄豆豆腐汤是一道营养丰富、健康美味的汤品,适合各类人群食用。

适合人群

一般人群均可食用,尤其适合老年人、儿童、孕妇、产妇、脑力工作者,以及骨质疏松患者。

饮食禁忌

消化不良、胃脘胀痛、腹胀等患者应少食;痛风患者不宜食用。

动手煮汤

/ 材料 /

黄豆 100 克,豆腐 200 克,青菜 50 克,姜片 2 片,葱适量。

/ 调料 /

胡椒粉、香油适量。

/ 步骤 /

1. 黄豆提前浸泡 6~8 小时,泡至膨胀。
2. 豆腐切成小块,青菜洗净切段。
3. 锅中加入适量清水,放入泡好的黄豆和姜片,大火煮开后转小火煮 20 分钟左右。
4. 加入豆腐块继续煮 5 分钟。
5. 放入青菜段煮 2 分钟。
6. 加入适量盐和胡椒粉调味。
7. 出锅前淋入香油,撒上葱段即可。

> **烹饪秘笈**
> 1. 黄豆浸泡时间足够,煮的时候更容易熟透。
> 2. 可以根据个人口味加入香菇、虾仁等食材,增加汤的鲜味。

贫血

贫血是人体外周血红细胞容量低于正常范围下限不能运输足够的氧至组织器官而产生的综合征。红细胞的主要功能是携带氧气并输送到全身各个组织和器官，当红细胞数量减少或血红蛋白含量降低时，就会导致氧气供应不足，从而引起一系列症状，如面色苍白、乏力、头晕、心慌、气短等。

以下是一些适合贫血患者的养生汤品。

红枣桂圆汤：红枣和桂圆都有补气血的作用，能提高血红蛋白含量，改善贫血症状。

菠菜猪肝汤：菠菜富含铁和维生素 C，猪肝富含铁、维生素 A 等营养物质，有助于促进红细胞的生成。

贫血患者应注重饮食均衡，多摄入富含铁、蛋白质、维生素 B12 和叶酸等"造血原料"的食物，如瘦肉、蛋类、豆类、绿叶蔬菜等；规律作息，保证充足的睡眠，让身体有足够的时间进行自我修复；适度运动，增强体质，但避免过度劳累；保持良好的心态，减少精神压力对身体的影响；定期进行体检，监测贫血的改善情况。

猪肝菠菜汤

猪肝菠菜汤是一道营养丰富的传统汤品，适合多数人群食用，尤其是贫血和需要补充维生素A的人群。鲜嫩的猪肝，宛如沉睡的宝贝，在热汤中慢慢苏醒，释放出醇厚的香味；翠绿的菠菜像是春天的使者，轻盈地舞动在锅中。它们相互陪伴，渐渐融合成一道美味佳肴。

适合人群

贫血人群、需要补充维生素A者。

饮食禁忌

高胆固醇患者应适量食用；痛风患者应避免食用。

动手煮汤

/ 材料 /

猪肝200克，菠菜200克。

/ 调料 /

料酒、生抽、淀粉、盐、香油、鸡精适量。

/ 步骤 /

1. 猪肝洗净切成薄片，放入清水中浸泡30分钟，其间换水2~3次，以去除血水。
2. 泡好的猪肝捞出，沥干水分，放入碗中，加入适量料酒、生抽、淀粉，搅拌均匀，腌制15分钟左右。
3. 菠菜洗净，切段备用。
4. 锅中加入适量清水，放入姜片，大火烧开。
5. 水开后，将腌制好的猪肝逐片放入锅中，煮至变色。
6. 放入菠菜，煮1~2分钟，至菠菜变软。
7. 加入适量盐、鸡精调味。
8. 淋入少许香油，搅拌均匀即可出锅。

烹饪秘笈

1. 猪肝处理：猪肝切片后要清洗干净，去除血水。
2. 火候控制：猪肝不宜煮得过久，以免变硬；菠菜很容易熟，所以不要煮太长时间。
3. 调味：根据个人口味调整盐的用量，保持汤品清淡。
4. 食材搭配：可添加枸杞、红枣等增加滋补效果；喜欢浓汤的，可以适当增加淀粉的用量。

猪血豆腐汤

猪血豆腐汤是一道营养丰富、口感鲜美的汤品，具有补血、排毒等功效，适合多数人群食用，尤其是贫血人群。

适合人群

贫血人群、需要排毒者。

饮食禁忌

高胆固醇患者应适量食用。

动手煮汤

/ 材料 /

猪血200克，豆腐200克，葱、姜、蒜、香菜适量。

/ 调料 /

盐、生抽、胡椒粉、鸡精、食用油适量

/ 步骤 /

1. 猪血和豆腐分别切成小块，放入开水中焯水，捞出沥干备用。
2. 葱、姜、蒜切末，香菜切碎。
3. 锅中倒入适量食用油，油热后放入葱、姜、蒜爆香。
4. 加入适量清水，大火烧开。
5. 放入猪血和豆腐块，煮3~5分钟。
6. 加入适量盐、生抽、胡椒粉和鸡精调味。
7. 搅拌均匀后，继续煮1~2分钟。
8. 出锅前撒上香菜碎即可。

烹饪秘笈

1. 猪血和豆腐焯水可以去除腥味和杂质。
2. 调味时可根据个人口味适当调整调料的用量。
3. 煮的过程中要轻轻搅拌，以免豆腐和猪血破碎。

红参须枸杞鸽子汤

红参须枸杞鸽子汤是一道具有补气养血、增强免疫力等功效的传统滋补汤品，适合多数人群，尤其适合体质虚弱和需要补气养血者。

适合人群

体质虚弱者、需要补气养血者、免疫力低下者。

饮食禁忌

感冒发热期间应避免食用；孕妇应在医生指导下食用；肝火旺盛者应适量食用。

动手煮汤

/ 材料 /

鸽子1只，红参须15克，枸杞15克，红枣5颗，姜片3片。

/ 调料 /

盐适量。

/ 步骤 /

1. 鸽子处理干净，切成大块，冷水下锅，加入1片生姜和少许料酒，水开后煮2~3分钟，捞出洗净，沥干水分。
2. 红参须洗净，红枣去核洗净，枸杞洗净备用。
3. 把鸽子块放入炖盅内，加入红参须、红枣、枸杞和2片生姜。
4. 倒入适量清水，盖上炖盅盖子。
5. 把炖盅放入锅中，锅中加水，水位不要太高，以免水沸腾时流入炖盅。大火烧开后，转小火慢炖2小时左右。
6. 出锅前加入适量盐调味即可。

烹饪秘笈

1. 红参须的用量可根据个人体质和需求适当调整。
2. 炖鸽子汤时，水要一次性加足，中途尽量不要加水，以免影响汤的口感和营养。
3. 炖汤的时间要足够，以确保鸽子肉软烂，汤味浓郁。

糖尿病

在与糖尿病对抗的这场漫长的战斗中,食疗成为了我们手中的一把有力武器。而汤羹,作为食疗的重要形式,以其独特的魅力为糖尿病患者带来了希望与温暖。

苦瓜瘦肉汤。苦瓜含有丰富的苦瓜皂苷和多种维生素,它的苦味,恰是其降糖的秘诀所在。苦瓜与鲜嫩的瘦肉搭配,不仅增加了汤的鲜美,还保证了优质蛋白质的摄入。

冬瓜虾仁汤。冬瓜,水分充足,热量极低,富含维生素 C 和钾元素,有利尿消肿、清热解暑的功效;虾仁,高蛋白、低脂肪,富含不饱和脂肪酸,对心血管有益。

番茄蛋花汤,色彩鲜艳,营养丰富。番茄富含番茄红素和维生素,具有抗氧化和调节血糖的作用;鸡蛋,是优质蛋白质的良好来源。

海带双耳汤,汇聚了海洋与陆地的精华。海带,富含碘和膳食纤维,有助于降低血糖和血脂,黑木耳中含有植物胶原、木耳多糖等物质,银耳钙质含量最高,还含丰富的胶质。

这些汤羹,不仅仅是一道道美食,更是糖尿病患者与疾病抗争的有力助手。让我们坚信,在汤羹的陪伴下,糖尿病不再是无法逾越的高山,而是可以被战胜的挑战。让健康的饮食成为生活的习惯,让这些美味的汤羹成为我们走向健康的桥梁。

苦瓜鸡胸肉汤

苦瓜鸡胸肉汤是一道简单易做、口感清新的汤品，具有清热解暑、降火解毒的功效，适合多数人群的汤品，尤其适合需要清热解暑和减肥的人群。

适合人群

鸡胸肉富含优质蛋白质，脂肪含量低，是健身增肌人士的理想食物来源。

鸡胸肉有助于生长发育，补充身体发育所需的蛋白质和营养元素。

鸡肉质较为细嫩，容易消化吸收，适合消化功能较弱的老年人适量食用，补充营养。

鸡胸肉热量低，能增加饱腹感，减少其他高热量食物的摄入。

饮食禁忌

鸡胸肉中的胆固醇含量虽然相对较低，但高胆固醇血症患者仍需控制摄入量；其中的蛋白质的代谢需要肾脏参与，肾功能不全者过量食用可能会增加肾脏负担。

动手煮汤

/ 材料 /

苦瓜1根，鸡胸肉1块，生姜3片，枸杞10颗。

/ 调料 /

料酒、生抽、盐、白胡椒粉、淀粉适量。

/ 步骤 /

1. 将鸡胸肉洗净，切成薄片，放入碗中，加入1勺料酒、1勺生抽、少量盐、白胡椒粉和1勺淀粉，搅拌均匀，腌制15~20分钟。
2. 苦瓜洗净，去除内瓤和籽，切成薄片。
3. 锅中加入适量清水，放入姜片，大火烧开。
4. 水开后将腌制好的鸡胸肉片逐片放入锅中，煮至变色。
5. 放入苦瓜片和枸杞，继续煮5~8分钟，至苦瓜变软。
6. 加入适量盐调味，搅拌均匀后即可关火。

> **烹饪秘笈**
>
> 切好的苦瓜片用盐腌制片刻，挤出苦水后再煮汤，能减轻苦味。
>
> 鸡胸肉尽量切薄，腌制时加入淀粉可以使肉质更加嫩滑。

海带双耳汤

海带双耳汤是一道营养丰富、口感清爽的汤品。它将海带的鲜美、黑木耳和银耳的爽滑完美融合，是一道兼具美味与健康的佳肴。

适合人群

一般人群均可食用，尤其适合三高人群、肥胖者、爱美人士，以及经常便秘者。

饮食禁忌

脾胃虚寒者应适量食用；对海带、木耳或银耳过敏者忌食。

动手煮汤

/ 材料 /

海带 100 克，黑木耳 50 克，银耳 50 克，红枣 5 颗，枸杞 10 粒。

/ 调料 /

鸡精少许，盐、食用油适量。

/ 步骤 /

1. 海带提前泡发，洗净后切成小块。
2. 黑木耳和银耳用温水泡发，去除根部杂质，撕成小朵。
3. 红枣去核洗净，枸杞洗净备用。
4. 锅中倒入适量食用油，油热后放入姜片煸炒出香味。
5. 加入海带块翻炒均匀。
6. 倒入适量清水，放入黑木耳、银耳和红枣，大火烧开后转小火煮 30 分钟左右。
7. 放入枸杞，继续煮 10 分钟。
8. 根据个人口味加入适量盐和少许鸡精调味。

> **烹饪秘笈**
>
> 1. 海带泡发时间要足够，以去除多余的盐分。
> 2. 黑木耳和银耳的泡发时间不宜过长，以免滋生细菌。
> 3. 可根据个人喜好加入少许葱花增添香味。